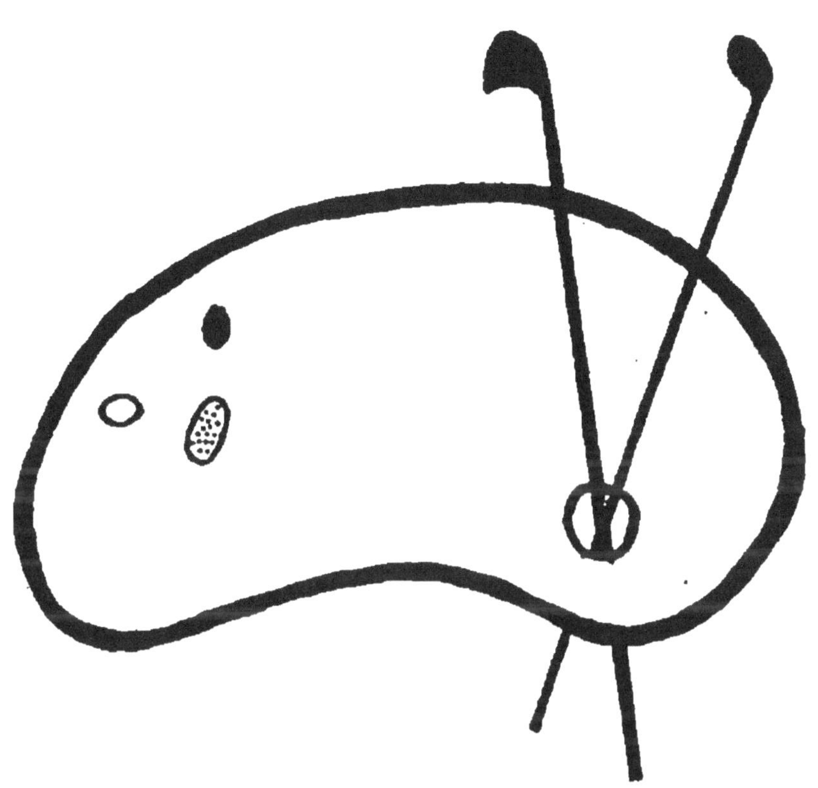

DEBUT D'UNE SERIE DE DOCUMENTS
EN COULEUR

GUIDES JOANNE

FONTAINEBLEAU

ACHETTE & C⁰

Prix : 1 franc

INSTITUTION DES ENFANTS
ARRIÉRÉS

Maison spéciale de Traitement et d'Éducation
FONDÉE EN 1847

EAUBONNE (S.-et-O.). — M. LANGLOIS, D

Établissement destiné aux enfants dont l'intelligence se développe lentement, ou qui présentent une anomalie intellectuelle nécessitant une éducation spéciale. — Classement rationnel des élèves. — Grand confort. — Parc de 10 hectares.

Salles de bains et d'hydrothérapie.

À 1/4 d'heure de Paris, par les gares du Nord et Saint-Lazare.

C.ᵉ Coloniale

ÉTABLISSEMENT SPÉCIAL POUR LA FABRICATION

des

CHOCOLATS

de

QUALITÉ SUPÉRIEURE

Tous les Chocolats de la Cⁱᵉ Coloniale, *sans exception*, sont composés de matières premières de choix; ils sont exempts de tout mélange, de toute addition de substances étrangères, et préparés avec des soins inusités jusqu'à ce jour.

CHOCOLAT DE SANTÉ Le 1/2 kilog.		CHOCOLAT DE POCHE et de voyage en boîtes cachetées		
Bon ordinaire	2 50	Superfin	250 gr.	2 25
Fin	3 »	Extra	dᵒ	2 50
Superfin	3 50	Extra-supérieur	dᵒ	3 »
Extra	4 »			

THÉ Une SEULE QUALITÉ (QUALITÉ SUPÉRIEURE)

Composée exclusivement de Thés noirs de Chine

En Boîtes de 75, 150 et 300 grammes

Entrepôt général : Avenue de l'Opéra, 19, Paris

DANS TOUTES LES VILLES, CHEZ LES PRINCIPAUX COMMERÇANTS

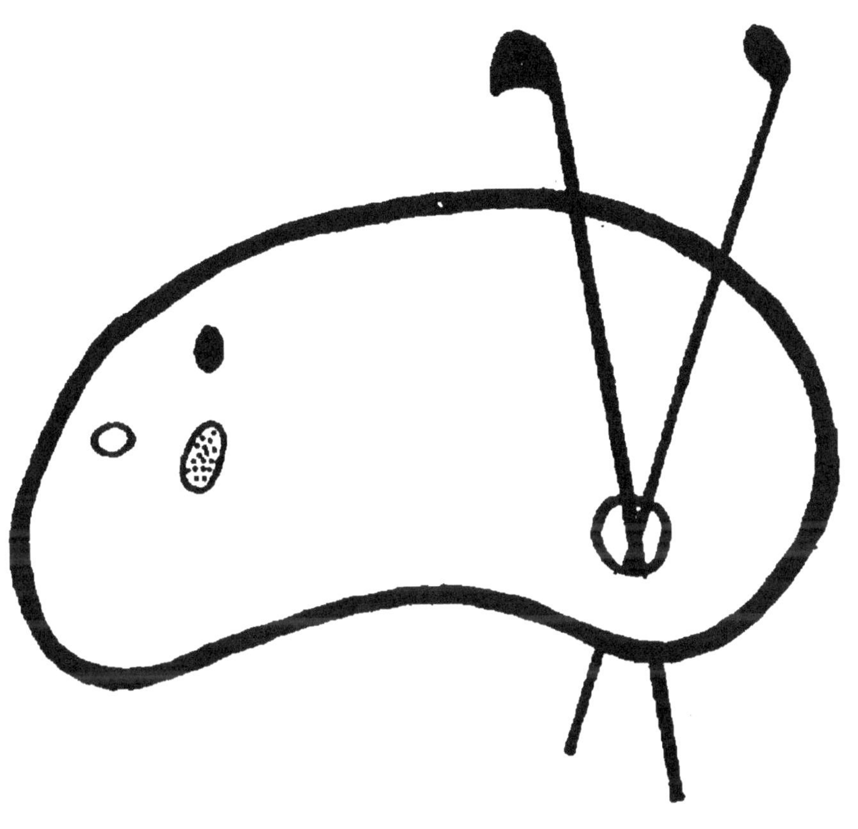

FIN D'UNE SERIE DE DOCUMENTS
EN COULEUR

FONTAINEBLEAU

ET

LA FORÊT

COLLECTION DES GUIDES-JOANNE

FRANCE ET ALGÉRIE
Format in-16, cartonnage percaline.

Paris	5 »	Dauphiné	7 50	Vosges et Alsace	7 50
Environs de Paris	7 50	La Loire	7 50	Algérie et Tunisie	12 »
Auvergne et Centre	7 50	De la Loire aux Pyrénées. 1 vol.	7 50		

GUIDES DIVERS

Bourgogne, Morvan, Jura, Lyonnais. 7 50 — Nord. 7 50 — Bretagne. 7 50 — Normandie. 7 50 — Cévennes. 5 » — Provence. 10 » — La Champagne et l'Ardenne. 7 50 — Pyrénées. 7 50 — Corse. 6 » — Savoie. 7 50

France, par Richard. 5 vol., brochés :

Réseau de Paris-Lyon-Méditerranée, 4 fr.; Réseaux d'Orléans-Midi-Etat, 4 fr.; Réseau de l'Ouest, 3 fr.; Réseau du Nord, 2 fr. 50; Réseau de l'Est, 2 fr. 50.

ÉTRANGER
Format in-16, cartonnage percaline.

Allemagne septentrionale, St-Pétersbourg, Moscou, Varsovie et Copenhague. 10 » — Allemagne méridionale et Autriche-Hongrie. 10 » — Belgique et Hollande. 7 50 — Espagne et Portugal. 18 » — Italie. 10 » — Londres et ses environs. 7 50 — De Paris à Constantinople. 1 vol. 15 » — Grèce, 1re partie. Athènes et ses environs. 12 » — 2e partie. Grèce continentale et îles. 20 » — Égypte, par Bénédite. 20 » — Péninsule sinaïtique, par Bénédite. 2 50 — Suisse. 7 50

GUIDES DIAMANT, format in-32.

Aix-les-Bains. 2 » — Bretagne. 2 » — Dauphiné et Savoie. 6 » — Normandie. 2 » — Paris. 1 50 — Pyrénées. 2 » — Stations d'hiver (Les) de la Méditerranée. 3 50 — Suisse. 2 »

MONOGRAPHIES
Format in-16 avec gravures et plans.

1re série, à 50 centimes le volume, broché.

Angers. — Arles et les Baux. — Avignon. — Blois. — Chantilly et le Musée Condé. — Chartres. — Dijon. — Gérardmer. — Le Havre. — Lourdes. — Le Mont-St-Michel. — Nancy. — Nantes. — Nîmes. — Reims. — Tours. — Valence et le Vercors.

2e série, à 1 franc le volume, broché.

Ajaccio. — Alger. — Arcachon. — Bagnères-de-Bigorre. — Bagnères-de-Luchon. — Biarritz. — Bordeaux. — Boulogne. — Caen. — Cannes et Grasse. — Cauterets. — Clermont-Ferrand, Royat, Châtel-Guyon et Châteauneuf-les-Bains. — Compiègne et Pierrefonds. — Contrexéville, Vittel, Martigny et Bourbonne-les-Bains. — Dax. — Dieppe et le Tréport. — Eaux-Bonnes et Eaux-Chaudes. — L'Estérel. — Fontainebleau et la forêt. — Genève. — Grand-Duché de Luxembourg. — Iles anglaises de la Manche. — Lyon. — Marseille. — Le Mont-Dore et la Bourboule. — Menton. — Musées de Paris. — Nice, Beaulieu et Monaco. — Pau. — Plombières, Bains-les-Bains, Luxeuil et Bussang. — Rouen. — Saint-Malo-Dinard. — Saint-Sébastien. — Toulouse. — Trouville, Honfleur, Cabourg. — Tunis et ses environs. — Versailles. — Vichy.

MONOGRAPHIES en anglais à 1 franc.

Biarritz. — Cannes. — Menton. — Nice. — Pau.

3e série, à 2 francs.

Bains de mer de l'État. — Plages de la Bretagne, réseau d'Orléans. — Venise.

615-03. — Coulommiers. Imp. Paul BRODARD. — 7-03.

COLLECTION DES GUIDES-JOANNE

FONTAINEBLEAU

ET

LA FORÊT

AVEC 3 PLANS, 1 CARTE ET 13 GRAVURES

PARIS

LIBRAIRIE HACHETTE ET Cie

79, BOULEVARD SAINT-GERMAIN, 79

1903

Droits de traduction et de reproduction réservés.

La région décrite dans cette monographie est comprise dans
la feuille **Fontainebleau** de la carte au 1/100,000ᵉ du Service
vicinal, en vente 80 c.; pliée dans un carton, 1 fr. 05.

FONTAINEBLEAU

ET LA FORÊT

RENSEIGNEMENTS PRATIQUES

Buffet : — à la gare.

Tramways électriques : — *de la gare au Palais* (de la gare au Palais, 30 c.; de la gare à l'octroi, 15 c.; de l'octroi au Palais 15 c.; de la rue Paul-Jozon au Palais, 10 c.); — *de la gare à Valvins* (du pont de la gare à Valvins, 20 c., all. et ret. 30 c.; de Valvins au Palais ou *vice versa*, 80 c. all. et ret., bagages 5 c.); — *de la gare à Samois* (du pont de la gare à Samois 40 c., all. et ret. 60 c., bagages 5 c.; du pont de la gare à la route de Bourgogne, 20 c.). — Tickets à prix réduits de la gare au Palais et *vice versa* : 20 tickets, 5 fr.; 200 tickets, 48 fr. — **Avis important.** Le tramway stationnant dans la cour de départ de la gare de Fontainebleau, il faut avoir soin, à l'arrivée de Paris, de ne pas sortir par la porte ordinaire, à g., **mais de traverser** les voies par le *passage souterrain* (poteau-indicateur), qui amène au tram électrique.

Omnibus : — des principaux hôtels à la plupart des trains : 50 c.

Hôtels : — VILLE : de *France et d'Angleterre**, place du Château; — de la *Ville de Lyon et de Londres** (pens. dep. 12 fr. par j.), rue Royale, 21; — de l'*Aigle Noir** (pet. déj., 1 fr. 25 et 1 fr. 50; déj., 4 fr.; din., 5 fr., vin non compris, et à la carte; ch. dep. 5 fr.; pens. 12 fr. par j.), rue Denecourt, 27; — du *Cadran Bleu* (pet. déj., 1 fr.; déj. à table d'hôte, 3 fr., table séparée,

3 fr. 50, vin compris; dîn., 3 fr. 50 et 4 fr.; ch. à 1 lit, de 2 fr. 50
à 5 fr., à 2 lits, de 5 à 8 fr., serv. et bougie compris; pens., 9 à
12 fr., selon la chambre), rue Grande, 9; — de *Moret et d'Armagnac* (déj. à table d'hôte, à 11 h., 3 fr., table séparée, 3 fr. 50;
dîn., à 6 h. 30, 3 fr. 50, table séparée, 4 fr.; ch. dep. 2 fr. 50), rue
du Château, 16, et rue du Parc; — de la *Chancellerie* (pet. déj.,
1 fr.; déj., 3 fr.; din., 3 fr. 50 et à la carte; ch. à 1 lit dep. 2 fr.
50, à 2 lits dep. 6 fr.; pens. dep. 8 fr.), rue Grande et rue de
la Chancellerie, 1; — du *Lion-d'Or* (omn., 50 c.; petit. déj., 1 fr.;
déj., 3 fr.; dîn., 3 fr. 50; ch. à 1 lit, 2 à 4 fr.; à 2 lits, 3 à 5 fr.;
pens. 8 à 12 fr.), place Denecourt, 25; — *Saint-Merry*, rue Saint-
Merry, 155; — de *Toulouse*, rue Grande, 183; — du *Cygne*, rue
Grande, 34; — de la *Salamandre* (hôt.-restaurant), rue Grande,
en face des Halles; — *Moderne* (déj., 2 fr.; dîn., 2 fr. 50), rue
de France, 25; — de la *Gare* (pet. déj., 75 c.; déj., 2 fr. 50; dîn.,
3 fr.; ch. à 1 lit, 2 fr. 50, 3 fr. et 4 fr.; à 2 lits, 5 et 6 fr.; chevaux et voitures), avenue du Chemin-de-Fer, 71.

Hôtels-pensions (maisons de famille de premier ordre) : —
VILLE : *Victoria* (omn. 50 c.; pet. déj., 1 fr.; déj., 3 fr.; din.,
3 fr. 50, vin compris; ch. à 1 lit dep. 4 fr., à 2 lits dep. 7 fr.;
pens. 8 à 12 fr., selon l'étage, 3 repas, vin compris), rue de
France, 112; — *Launoy* (ouvert du 1er avril au 1er novembre;
omn., 50 c.; pet. déj., 1 fr.; déj., 3 fr. 50; dîn. 4 fr. 50; ch. à
1 lit dep. 4 fr., à 2 lits dep. 6 fr.; pens. 10 à 13 fr. par j.; arrangements pour famille), boulevard Magenta, 37, point terminus
du tramway. — GARE : *Pavillon Bois-Fleuri* (pet. déj., 1 fr.; déj.,
3 fr. 50; dîn., 4 fr.; ch. à 1 lit, 3 fr., à 2 lits, 5 fr.; pens. 8 à
15 fr. par j.; luxueux; salons, cabinet de lecture, salle de bains,
hydrothérapie, grand parc, salle de jeux, etc.), avenue du Chemin-de-Fer, 102.

Restaurants : — dans tous les hôtels, chez *Charny*, rue Grande,
112, et chez *Flon*, rue Grande, 85. — En dehors de la ville : —
au *Pont de Valvins* (matelotes et fritures); — à la *Forêt de Fontainebleau* (spécialité de matelotes), près du pont de Valvins;
— à la *Bonne matelote* (bon, mais cher; ch. meublées), aux
Plâtreries; — du *Grand-Hôtel Beau Rivage* (déj. 3 fr., dîn. 3 fr.
50, avec 1/2 bout. de vin), au Bas-Samois (omn. électrique du
pont de la gare).

Cafés : — *Guillemeau*, place Denecourt, 33; — du *Commerce*,
rue Grande, 54; — *Henri II*, rue Grande, 71; — *Flon* ou du
Château, place Denecourt, 23; — *Barbaral*, rue de France, 32; —
du *Cadran Bleu*, rue Grande, 11.

Pâtisseries : — *Vve Leroux* (glaces renommées), rue Grande ; — *Clémencet*, rue Grande, 1.

Agences de locations : — *Georges Tazé*, rue Saint-Merry, 50 ; — *Viollette*, rue du Chemin-de-Fer, 5 ; — *Ragu*, rue des Bois ; — *Samouel*, rue Marrier, 7 ; — *Métais*, rue Grande, 2 ; — *François Jeannin*, rue Grande, 153 (*Prinet et Desnoyers*, successeurs) ; — *Viollette fils*, rue Grande, 205 ; — *Llobère*, rue Saint-Honoré, 56 ; — *Union des Propriétaires*, rue du Chemin-de-Fer, 33 ; — le *Livre Rouge*, rue du Chemin-de-Fer, 9.

Poste, télégraphe et téléphone : — jardin de Diane, en face de la place Denecourt. — Bureau auxiliaire, rue Grande, 167. — Boîtes supplémentaires à l'hôtel de ville et dans les principaux quartiers.

Voitures de place : — la course en ville, entre les limites de l'octroi, 1 fr. ; — à la gare : voit. prise soit à la station, soit sur la voie publique, 2 fr. ; mandée à domicile, 2 fr. 50 ; — de la gare à la station de voit. ou à domicile, quel que soit ce dernier, dans les limites de l'octroi, 2 fr. ; — à l'heure, dans les agglomérations de Fontainebleau, Changis et Avon, 3 fr. — *N. B. Le tarif n'est pas obligatoire les jours de courses.*

Loueurs de voitures : — *E. Drouet* (téléphone), rue de France, 15 et 27 ; — *Louis* (successeur de Clémencet ; ancienne maison Bernard), rue de France, 36 ; — *Morand*, rue Grande, 14 ; — *Lamirault*, rue Royale, 2 ; — *Lehmann* (voit. à âne, 5 fr. par j.), rue Grande, 152 ; — *Oudin*, rue du Chemin-de-Fer, 33 *bis* ; — *Lafaverge*, rue du Chemin-de-Fer, 34 ; — grand manège *Durand* (leçons d'équitation pour hommes et dames ; pens. et location de chevaux avec ou sans voitures), rue de l'Arbre-Sec, 27. — On trouve en outre des voit. à la gare (côté de l'arrivée), à tous les hôtels et sur la place Denecourt, le long du mur du jardin de Diane. Il n'existe pas de tarif pour les promenades en forêt ; on traite de gré à gré.

Fontainebleau. — La gare.

FONTAINEBLEAU ET LA FORÊT

A. — FONTAINEBLEAU

COMMUNICATIONS AVEC PARIS. — 59 k. — Ch. de fer (gare de Lyon, boulevard Diderot). — Traj. en 1 h. 15 à 2 h.; 6 fr. 60, 4 fr. 45, 2 fr. 90; aller et ret., val. 2 j. et du samedi mat. au lundi soir, 9 fr. 90, 7 fr. 15, 4 fr. 65. — Billets simples de 1re, 2e et 3e cl., avec réduction de 10 p. 100, délivrés à Paris, *par série de vingt*, pour Fontainebleau. — Billets du dimanche l'été (all. et ret. 4 fr. 45 en 2e cl., 2 fr. 90 en 3e cl.; all. par train spécial vers 7 h. 30 du mat., ret. par t. les trains de la journée).

HÔTELS ET MAISONS MEUBLÉES. — Fontainebleau est amplement pourvu d'hôtels de tout ordre, depuis l'hôtel à 15 et 20 fr. par j. jusqu'à l'hôtel à 8 et 9 fr. par j., ainsi que de pensions bourgeoises de 7 à 12 fr. par j. (V. les *Renseignements pratiques*). — Fontainebleau est un séjour d'été recherché, par des Parisiens d'abord, et aussi par des Anglais et des Américains, et l'on trouve à s'y installer facilement et confortablement (s'adresser aux agences; V. *Rens. pratiques*). — Les villas sont nombreuses; assez chères quand elles sont importantes et très confortables, elles sont en somme d'un prix très abordable dans la plupart des cas. En pleine saison, une maison moyenne, avec jardin, cuisine, salle à manger, salon, 4 à 5 ch. à coucher, 2 lits de domestiques, le tout convenablement meublé, se loue de 400 à 600 fr. par mois. Quant aux appartements meublés, on paye de 150 à 250 fr. par mois, selon l'époque et la durée de la location, un appartement de 3 pièces avec cuisine (salle à manger et 2 ch. à coucher; 3 lits). — L'approvisionnement de Fontainebleau est très complet. Les halles, rue Grande, sont approvisionnées t. l. j.; les lundi et vendredi notamment, leur enceinte devient trop étroite et les arrivages des campagnes voisines envahissent la place du Marché tout entière.

La salubrité de Fontainebleau est exceptionnelle. L'abondance et la qualité de ses eaux de source, son sol perméable, ses grands massifs d'essences résineuses en font une véritable station climatérique, où l'on fait à la fois la cure d'air et la cure de raisin.

Comment visiter Fontainebleau et la forêt. — Il faudrait consacrer au moins 2 j. à la visite de Fontainebleau et de la forêt. Le 1er j., on arriverait pour déj., après s'être installé à l'hôtel; l'après-midi, on verrait à l'aise le château et le musée chinois; on se rendrait à pied (1 h. 30 all. et ret.) au belvédère de la Tour Denecourt (*V. C*, 1°), ou bien l'on se promènerait dans les parcs et parterres du château jusqu'à l'heure du dîner. Rentré à l'hôtel, on ferait appeler, avant de se mettre à table, un loueur, et on conviendrait de prix et d'itinéraire pour l'excursion en voit. en forêt du lendemain (bien stipuler qu'en cas de pluie, on ne part pas). Le 2e jour, départ de bonne heure, par la *vallée de Solle*, la *Tour Denecourt* (à moins qu'on n'ait fait cette course à pied la veille), *Franchard*, la *caverne des Brigands* et les *gorges d'Apremont*, pour *Barbizon*, où l'on déjeunera; repartir ensuite par le *Rocher des Demoiselles*, les *Ventes à la Reine*, la *Gorge aux Loups*, la *Mare aux Fées*, *Marlotte*, le *Long Rocher* et le *Restant du Long Rocher*, le carrefour de *Marlotte* et le *Mail Henri IV*, pour Fontainebleau, prendre les bagages à l'hôtel et se faire conduire à la gare.

Les voyageurs pressés, — et c'est l'immense majorité — ne consacrent qu'une journée à Fontainebleau et à la forêt. Cette unique journée peut-être employée avec calme et profit de la manière suivante : en descendant du train, prendre le tramway électrique pour le palais, le visiter tout de suite, jeter un coup d'œil sur les jardins (étang des Carpes), aller déjeuner, et, avant de se mettre à table, faire appeler un loueur et convenir de prix avec lui (ordinairement 25 fr. pour un break à 2 chev.) pour l'itinéraire suivant (course de 5 h. en voit.) : par la *route Louis-Philippe*, en passant par les *Frères Siamois*, le *Pharamond* (buvette; vente d'objets en bois de la forêt) et le *Jupiter*, aux *gorges de Franchard* (voir le grand point de vue seulement; prendre un guide); de là, par la *route Ronde* et la *fontaine Maria*, à la *grotte aux Cristaux* (protégée par un grillage; on n'entre pas; buvette et vente d'objets-souvenirs), puis à *Belle-Croix*; 50 m. env. après Belle-Croix, quitter la voit. (qui attendra) pour prendre à g. un sentier que l'on suivra jusqu'à l'**Observatoire des Francs-Tireurs** (très belle vue), revenir sur ses pas pour retrouver la voit., se faire conduire au pied du rocher qui surmonte la caverne des Brigands; faire à pied la montée de la *Caverne des Brigands* (inutile d'y descendre; dépourvu d'intérêt) et descendre (suivre les marques bleues) sur le *Bas-Bréau*, où l'on retrouvera la voiture; dîner à Barbizon (*V. B*, 1°) et se faire conduire au carrefour où gît, déraciné, le *chêne géant de Briarée* (superbe route sous des voûtes de verdure) et ensuite à Fontainebleau, soit directement à la gare, soit d'abord à l'hôtel, et prendre le train pour Paris.

Fontainebleau *, ch.-l. d'arr., V. de 14,160 hab., entourée de toutes parts par les hautes futaies de la forêt domaniale, n'offre d'intéressant que son superbe palais. C'est une petite cité proprette et paisible, qui ne doit un peu d'animation qu'à son École d'application, à ses hôtes d'été et à la foule d'étrangers qui la visitent en toute saison.

L'histoire de Fontainebleau est celle de son palais, dont il est fait pour la première fois mention au xiie s. : ce fut d'abord une forteresse. Louis VII

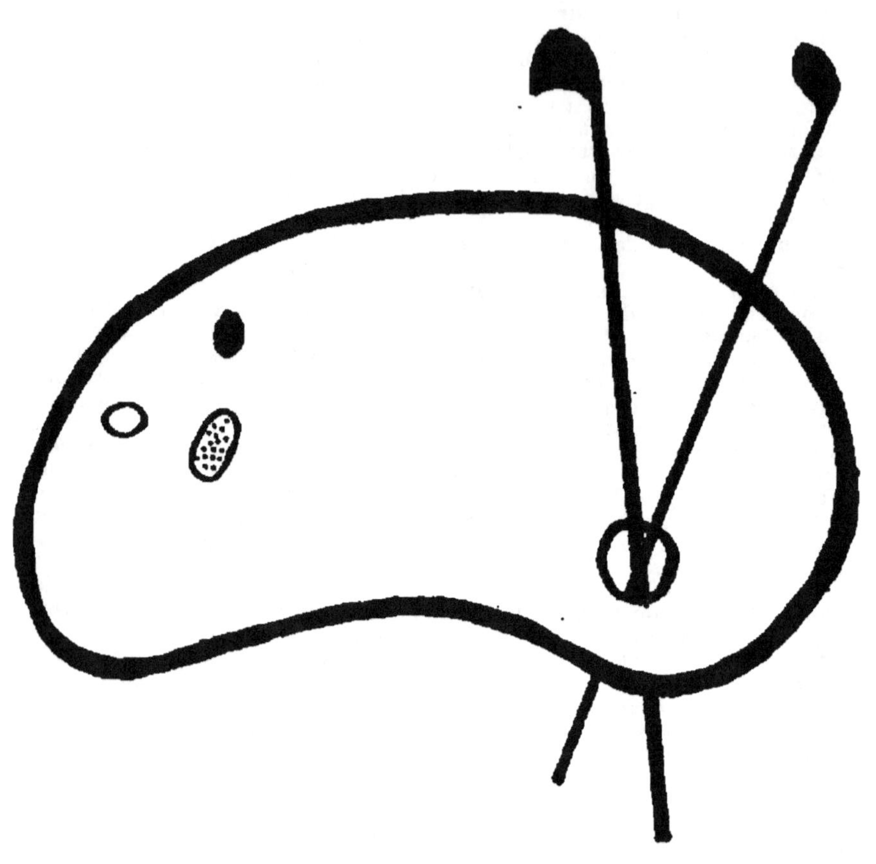

ORIGINAL EN COULEUR
NF Z 43-120-8

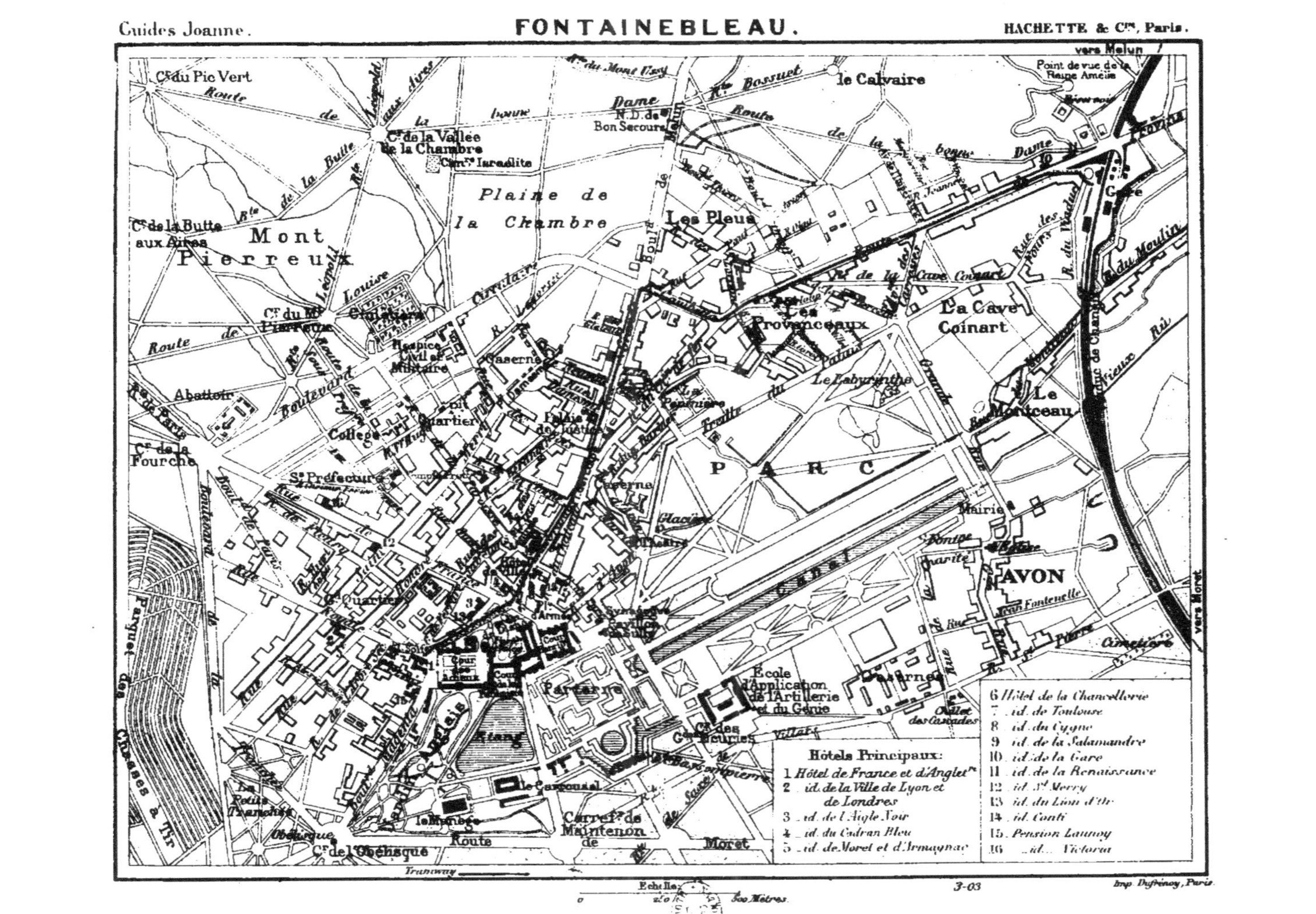
FONTAINEBLEAU.
vers Melun
Cr du Pic Vert
Point de vue de la Reine Amélie
le Calvaire
Route
de
la Butte
Cr de la Vallée de la Chambre
Cimre Israélite
Rte du Mont Ussy
Rte Bossuet
Dame
N. D. de Bon Secours
Route
Dame
Gare
Plaine de la Chambre
Les Pleus
Cr de la Butte aux Aires
Mont Pierreux
Cr du Mt de Pierreux
Louise
Léopold
Cimetière
Vr de la Cave Coinart
Les Provenceaux
La Cave Coinart
Rue des Tours
R. du Viaduc
R. du Moulin
Route
de
Abattoir
Rte de Paris
Boulevard
Hospice Civil et Militaire
Caserne
Le Labyrinthe
Le Monceau
Cr de la Fourche
Collège
Quartier
Palais de Justice
Pénitencier
St Préfecture
PARC
Boulevard de Tours
Caserne
Glacière
Théâtre
Canal
Mairie
Charité
AVON
Rue Fontenelle
Quartier
Place d'Armes
Cour des Adieux
Cour
Cimetière
vers Moret
École d'Application de l'Artillerie et du Génie
Caserne
Étang
Parterre
Parc aux Cerfs
Cr des Grdes Écuries
Villas
Cadet des Cascades
le Carrousel
le Manège
Obélisque
Cr de l'Obélisque
Route
Carref de Maintenon de
Moret
Parquet des Chasses à Tir
La Petite Tranchée
Tramway
Hôtels Principaux:
1 Hôtel de France et d'Anglet re
2 id. de la Ville de Lyon et de Londres
3 id. de l'Aigle Noir
4 id. du Cadran Bleu
5 id. de Moret et d'Armagnac
6 Hôtel de la Chancellerie
7 id. de Toulouse
8 id. du Cygne
9 id. de la Salamandre
10 id. de la Gare
11 id. de la Renaissance
12 id. St Merry
13 id. du Lion d'Or
14 id. Conti
15 Pension Launoy
16 id. Victoria
Échelle
0   250   500 Mètres
3-03
Imp. Dufrenoy, Paris.

fonda la chapelle de Saint-Saturnin, consacrée par Thomas Becket. Saint Louis agrandit le château. Néanmoins, le pavillon appelé aujourd'hui de son nom a été construit presque entièrement par François Ier. Charles V y fonde une bibliothèque. Charles VII y fait représenter ses victoires sur les murs. Puis Fontainebleau est abandonné. Louis XI se renferme à Plessis-lès-Tours, près de Tours; Charles VII se plaît à Amboise, et Louis XII à Blois.

François Ier fut le véritable créateur du palais de Fontainebleau. Il

Route Louis-Philippe.

s'adressa aux grands maîtres d'Italie; mais Michel-Ange, Léonard de Vinci, Raphaël, Andrea del Sarto ne purent se rendre à son appel; il dut se contenter d'artistes de second ordre. Le Primatice, Rosso, Nicolo dell' Abate, Vignole, Serlio formèrent ce qu'on a appelé l'*Ecole de Fontainebleau*, qui fut exclusivement une école de peinture et de sculpture : les constructions élevées à Fontainebleau sous le règne de François Ier, la *cour Ovale*, la *chapelle de Saint-Saturnin*, le *pavillon de la Porte-Dorée*, la *salle des Fêtes* (terminée par Henri II), la *galerie d'Ulysse* (détruite sous Louis XV), la *cour de la Fontaine*, la *galerie de François Ier*, la *cour du Cheval-Blanc*, furent l'œuvre de maîtres français dont les noms ont été retrouvés de nos jours.

En 1536, Jacques V, roi d'Ecosse, vint voir à Fontainebleau Madame Magdeleine de France, fille de François Ier, qu'il épousa l'année suivante. En 1539, Charles Quint, traversant la France, fut logé au *pavillon des Poêles*, et son séjour fut l'occasion de fêtes somptueuses. De nouvelles fêtes y eurent lieu, en 1543, lors du baptême d'Elisabeth, fille du dauphin Henri, et en 1545, lors de ses fiançailles avec Edouard VI d'Angleterre.

Henri II continue, à l'instigation de Diane de Poitiers, les travaux commencés par François Ier. Il fait décorer, par Nicolo dell' Abato, sur les dessins du Primatice, la *salle des Fêtes*, la merveille du palais de Fontainebleau, qui porte son nom.

Catherine de Médicis, après avoir triomphé des partis qui se disputent le jeune roi Charles IX, se rend escortée de cent cinquante filles d'honneur, le 31 janvier 1564, à Fontainebleau, pour y voir des ambassadeurs du pape, de l'empereur, du roi d'Espagne et d'autres souverains et princes catholiques, qui venaient demander que la France revînt sur l'édit de la pacification d'Amboise. La reine et le roi son fils répondirent par un refus. Puis commencèrent des fêtes splendides où les chefs des deux partis luttèrent de galanterie et de prouesses. Ensuite Fontainebleau reste morne et désert jusqu'à l'avènement de Henri IV.

Henri IV fut, après François Ier, le plus grand constructeur du palais de Fontainebleau. Il y fit travailler depuis 1593 jusqu'en 1609, et y dépensa la somme, énorme pour le temps, de 2,440,850 livres. On lui doit : la grande *galerie de Diane*, la *cour des Offices* et les vastes bâtiments qui l'encadrent, avec la porte d'entrée sur la place d'Armes; le dôme élevé au-dessus de la porte qui, de la cour Ovale, va à celle des Offices (c'est sous ce dôme qu'eut lieu le baptême de Louis XIII, d'où vient le nom de *porte Dauphine*); les bâtiments de la *cour des Princes*; la restauration générale de la *chapelle de la Sainte-Trinité*; le pavillon du surintendant des finances. Il fit agrandir les jardins par l'ingénieur italien Francini, creuser le *grand canal* et des pièces d'eau, et planter le parc. Henri IV fit de longs séjours à Fontainebleau. Gabrielle y vint aussi quelquefois; ce fut pour elle que le roi construisit la galerie de Diane, qu'il fit décorer de peintures par Dubois. C'est à Fontainebleau que Henri IV vit naître son fils Louis XIII et fit arrêter le maréchal de Biron, qui le trahissait.

Après la mort de Henri IV, Fontainebleau resta désert pendant plusieurs années. Louis XIII confia l'achèvement des travaux à J. de Noyer, qui brûla quelques nudités de grand prix, notamment la *Léda* de Michel-Ange. On doit à Louis XIII la continuation de la chapelle de la Sainte-Trinité et l'escalier de la cour du Cheval-Blanc, remarquable à cause des difficultés de sa construction.

Louis XIV séjourna souvent à Fontainebleau. Sous la régence d'Anne d'Autriche, Fontainebleau reçut la visite de la reine d'Angleterre, femme de Charles Ier (1644). En 1657, après son abdication, Christine de Suède y vint à son tour, et épouvanta cette paisible résidence par l'assassinat de Monaldeschi, qui eut lieu dans la galerie des Cerfs le 10 novembre 1657. Malgré l'horreur qu'inspira ce crime, Christine fut accueillie à la cour et assista aux fêtes dont le jeune roi Louis XIV était le héros, et quelquefois un des acteurs. Un jour il récita des vers et dansa au *ballet des Saisons*, composé par Benserade, et qui fut joué en grande pompe à Fontainebleau, le 23 juillet 1661. En 1686, le prince de Condé meurt à Fontainebleau. Le 9 novembre 1700, un courrier apporta à Fontainebleau la nouvelle de la mort du roi d'Espagne, qui, par son testament, appelait le petit-fils de Louis XIV au trône.

En 1717, Fontainebleau reçut la visite du czar Pierre Ier. — En 1768, Christian VII, roi de Danemark, vint à Fontainebleau visiter Louis XV; il y assista à la première représentation de *Tancrède*. Sous l'influence de Mme de Pompadour, un petit théâtre mesquin avait été construit dans la *salle de la Belle-Cheminée*. C'est là qu'en 1752 eut lieu la première représentation du *Devin du village*. J.-J. Rousseau raconte dans ses *Confessions* comment il y assista et partit le lendemain matin pour éviter d'être présenté à Louis XV. — Voltaire séjourna aussi quelques jours à Fontainebleau.

Louis XV construisit la salle de spectacle, incendiée en 1856, et l'aile neuve de la cour du Cheval-Blanc; et, pour élever cette misérable bâtisse, il détruisit la galerie d'Ulysse.

Louis XVI vint chasser à Fontainebleau; Marie-Antoinette fit faire des dispositions intérieures dans le château.

Pendant la Révolution, Fontainebleau fut délaissé. En 1804, il servait de caserne à des prisonniers de guerre.

Napoléon fit restaurer le palais pour y loger le pape, qui venait le couronner. Il y dépensa près de 12 millions. Le 15 novembre 1804, à midi, il alla en habit de chasse dans la forêt au-devant de Sa Sainteté, à la Croix de Saint-Hérem. Plus tard, le souverain pontife, arrêté dans son palais, était transféré à Savone, puis en 1812 à Fontainebleau. Peu de temps après son retour de la campagne de 1813, Napoléon, qui venait de chasser à Grosbois, se rend à l'improviste à Fontainebleau, entre brusquement dans l'appartement de Pie VII, et l'embrasse avec effusion; le pape, touché, l'accueille affectueusement. Le 25 janvier, à la suite d'une nouvelle entrevue, le Saint-Père signait le célèbre concordat de Fontainebleau, par lequel il résignait la souveraineté des Etats romains. Il ne devait pas tarder à protester contre cette renonciation.

En 1814, Napoléon, ayant laissé son quartier général à Troyes, arrive à Fontainebleau le 30 mars, sur le soir. Il abdique le 5 avril 1814 et part de Fontainebleau le 20 du même mois, après de touchants adieux à sa vieille garde massée dans la cour du Cheval-Blanc, appelée aussi depuis cour des Adieux. Moins d'un an plus tard, le 20 mars 1815, Napoléon, dans cette même cour du Cheval-Blanc, passait en revue ses vieux grenadiers qui l'avaient accompagné à l'île d'Elbe et qui le ramenaient aux Tuileries! « Voilà, disait-il plus tard dans son Mémorial de Saint-Hélène, en parlant de Fontainebleau, voilà la vraie demeure des rois, la maison des siècles! »

Louis XVIII fit décorer la galerie de Diane (aujourd'hui la bibliothèque). Ce fut à Fontainebleau qu'il reçut Caroline de Naples, fiancée du duc de Berri.

Charles X ne vint à Fontainebleau que pour y chasser.

Louis-Philippe a dépensé trois millions et demi à la restauration du palais de Fontainebleau. Nous citerons particulièrement la restauration de la galerie de Henri II. Le 30 mai 1837, le mariage du duc d'Orléans et de la princesse Hélène de Mecklembourg fut célébré au château.

Comme le montre ce résumé, le palais de Fontainebleau proprement dit est formé de nombreux bâtiments construits à diverses époques, imposants par leur grandeur, confus dans leurs dispositions générales et disparates dans leur architecture. L'étendue des bâtiments est de 60,000 m. carrés environ.

La gare de Fontainebleau est dite officiellement *Fontainebleau-Avon*, parce qu'elle se trouve, ainsi que le quartier avoisinant, dans la commune d'Avon (*V.* ci-dessous, p. 27). De cette gare, quand on vient de Paris, sortant par la g. (à moins que l'on ne doive prendre le tram électrique, auquel cas il faut, dans la gare même, passer sous la voie et sortir par le côté du départ), on longe un instant le ch. de fer, aussi à g., puis on le franchit par un pont auquel fait suite l'*avenue Gambetta*, belle avenue de platanes bordée de jolies habitations et longue de 1,500 m. environ jusqu'à l'entrée de la ville. Vers son extrémité, on laisse à g. la belle *église* romane, moderne, *des Carmélites* (actuellement fermée).

On entre dans Fontainebleau par la *rue du Chemin-de-Fer*, qui rejoint, sur la *place de l'Etape*, la *rue Grande*, amorce de la route de Melun. On passe devant l'*église St-Louis* (à dr.), construction moderne sans caractère, derrière laquelle la *place Centrale* est ornée de la *statue* en bronze *du général Damesme*, par E. Godin. Plus loin on dépasse à **g.** l'*hôtel de ville*, d'aspect assez monumental, et le *monument du Président Carnot*, par Peynot (1895). On laisse à **g.**, au coin du nouvel *hôtel des Postes*, la *rue de la Chancellerie*, aboutissant à la *place d'Armes*, où donne la partie du château affectée à l'*Ecole d'application de l'artillerie et du génie*. Longeant à **g.** le jardin de Diane, on traverse la *place Denecourt*, où se trouvent (et aux abords immédiats) la plupart des hôtels. Là s'élève le **monument de Rosa Bonheur**, œuvre du frère et du neveu de la grande artiste, MM. Isidore Bonheur et Peyrol (1901), et don de M. E. Gambard. On arrive à la *place Solférino* et à la principale grille du palais, fermant la cour des Adieux. En face, on voit la porte (seule œuvre authentique de Serlio) de l'*hôtel du cardinal de Ferrare*. Sur le *boulevard de Magenta*, au S. de la place Solférino, se trouve, au n° 32, l'*hôtel Pompadour*, et, à l'extrémité de *la rue Royale*, qui s'ouvre sur la même place, se voit l'*hôtel d'Estrées*, dont il ne reste qu'une belle porte en grès encadrant deux panneaux briquetés.

Fontainebleau possède encore : quelques restes d'autres hôtels anciens; le *buste de Decamps*, par Carrier-Belleuse, sur la place du même nom, etc.

Le Palais.

Le Palais ou **Château de Fontainebleau** (ouvert t. l. j. de 10 h. à 5 h. du 1ᵉʳ avril au 30 sept., et de 11 h. à 4 h. du 1ᵉʳ oct. au 31 mars; la visite est gratuite; cependant, il est d'usage de donner un léger pourboire au gardien qui accompagne et explique) a deux entrées : l'une sur la place Solférino, par la grille de la *cour du Cheval-Blanc*, l'autre sur la rue Denecourt, par la *grille des Mathurins*. De là un passage mène dans la cour du Cheval-Blanc; dans celle-ci, à dr., on trouve la salle de service et l'escalier du Fer à Cheval, où se tiennent les employés chargés de diriger les visiteurs.

Cinq grandes cours sont comprises dans la vaste étendue des bâtiments formant l'ensemble du palais : la *cour du Cheval-Blanc* ou *des Adieux*, celle *de la Fontaine*, celle *du Donjon* ou *cour Ovale*, celle *des Princes* et la *cour des Offices* ou *de Henri IV*.

Cour du Cheval-Blanc ou des Adieux. — Cette cour, située à l'O. du château, longue de 152 m. et large de 112, doit son nom à un cheval en plâtre, d'après celui de la statue de Marc-Aurèle à Rome, moulé par Vignole pour Catherine de Médicis et qui était placé sous un dôme au milieu de cette cour; il fut détruit en 1626. On la désigne aussi sous le nom de *cour des*

Adieux, en mémoire des adieux de Napoléon à sa garde, en 1814.

La façade principale, au fond de la cour, est composée de cinq pavillons à toits aigus et à deux étages, reliés entre eux par des corps de bâtiment d'un rez-de-chaussée et d'un étage. Le pavillon du milieu est orné d'un *escalier en fer à cheval* célèbre, construit en 1634 par Lemercier.

Le grand corps de bâtiment à dr., en tournant le dos à la grille, est l'*aile Neuve*, à double étage, construite par Louis XV. L'aile de g., du temps de Louis XIV, n'a qu'un rez-de-chaussée, avec de grandes lucarnes. Les pavillons de milieu des deux ailes ne se correspondent pas exactement. Au fond de la cour, dans l'angle g., est le *jeu de paume*, du temps de Henri IV. — A partir de cet angle, les quatre pavillons de la façade sont : le *pavillon de l'Horloge* et celui *des Armes*, terminé en 1559, reconstruit en 1702 après un incendie. Ces deux pavillons sont adossés à la *chapelle de la*

Vue générale du Château, prise du Parterre.

Sainte-Trinité. — Celui du milieu, terminé sous Charles IX, était nommé le *pavillon des Peintures*, parce que François Ier y avait réuni des tableaux de grands maîtres italiens. — Le 4e pavillon, à l'angle dr., fut d'abord appelé le *pavillon des Poêles*, à cause des Poêles, venus d'Allemagne, que François Ier y avait fait placer; plus tard il devint le *pavillon des Reines*, et fut habité par Catherine de Médicis et par Anne d'Autriche.

Le chancel à balustrade qui divise la cour du Cheval-Blanc a été construit du temps de Louis-Philippe, à l'endroit même où étaient autrefois les fossés.

Cour de la Fontaine. — Située à l'E. de la cour du Cheval-Blanc, entre cette cour, avec laquelle elle communique, et les bâtiments qui entourent la cour Ovale, cette cour doit son nom à la fontaine qui y fut toujours établie, mais qui fut plusieurs fois changée. En 1810, on construisit une nouvelle fontaine décorée d'une statue d'*Ulysse*, due au ciseau de Petitot.

La cour est limitée au S. par l'*étang* et entourée de constructions sur trois côtés. Au fond se trouve la galerie de François Ier, au-dessus de la belle terrasse sur arcades, bâtie par Henri IV, ornée de son chiffre, et récemment restaurée. Des deux ailes, l'une, du côté du *jardin Anglais*, est terminée par un pavillon du temps de Louis XV; l'autre, en face, avec une double rampe extérieure, est faussement attribuée à Serlio.

Porte Dorée, ou Pavillon de Maintenon. — La Porte Dorée, ainsi nommée à cause de la richesse de sa décoration, donne accès sur la *chaussée de Maintenon*, élevée entre le parterre et l'étang, et conduisant à la forêt dans la direction du *Mail Henri-IV*; elle ouvre sur la cour Ovale. La Porte Dorée a été élevée par François Ier et décorée, sur les dessins du Primatice, de diverses peintures mythologiques, restaurées en 1855 par Picot. Le pavillon auquel elle appartient présente une façade partagée en trois parties égales, dans le sens horizontal ainsi que dans celui de la hauteur. La partie centrale est percée de grandes arcades superposées. Celle du bas sert de porte avec un vestibule ouvert; les deux autres étaient également ouvertes, et l'édifice, depuis qu'on les a vitrées, a perdu de son caractère monumental. Celle du premier étage correspond à l'appartement de Mme de Maintenon.

L'arcade du rez-de-chaussée, ou porte Dorée proprement dite, est divisée en deux parties inégales; le portique extérieur renferme les deux compositions du Primatice, refaites par Picot : *Hercule revêtu d'habits de femme par Omphale, et Hercule retiré des bras d'Omphale.* On voit dans le portique intérieur : le *Départ des Argonautes, Tithon et l'Aurore, Diane et Endymion, Pâris blessé par Pyrrhus,* et, dans la voussure, *Céphale enlevé par l'Aurore* et *les Titans foudroyés par Jupiter.*

Cour Ovale. — Le périmètre de cette cour est en partie celui du château primitif, dont le plan était celui d'un ovale. Le pavillon de Saint-Louis, qui en est le donjon transformé, est

Château de Fontainebleau. — Cour des Adieux

encore flanqué d'une tourelle antérieure à François Ier. Ce qui est resté du moyen âge est revêtu de décorations architectoniques qui en ont complètement changé le caractère.

La portion la plus remarquable des bâtiments qui entourent la cour Ovale est une façade grandiose présentant deux rangs d'arcades; celles du 1er étage correspondent à la galerie de Henri II. François Ier ne construisit que cinq de ces arcades; Henri IV prolongea cette façade et la lia au pavillon d'angle. Vers le milieu de cette façade s'élève un péristyle à deux étages. Les chapiteaux des pilastres et des colonnes se distinguent aussi par la variété de leur ornementation. On y retrouve l'F initiale du fondateur.

Les deux lignes de bâtiments qui bordent la cour Ovale sont terminées par deux pavillons reliés par une terrasse au milieu de laquelle s'ouvre la porte Dauphine : celui qui est appelé *pavillon du Dauphin* fut construit par Henri IV; il a été restauré en 1855. Des dauphins sculptés ornent les chapiteaux des pilastres.

Porte Dauphine ou Baptistère. — Ce curieux monument, composé d'un premier ordre sévère et rude que couronne un dôme capricieux, fut élevé sous Henri IV, et reçut son nom à l'occasion du baptême de Louis XIII, âgé de près de cinq ans, qui eut lieu sous le dôme. Il a été restauré en 1862. On remarquera, entre les colonnes, les masques antiques, en marbre blanc, de la Tragédie et de la Comédie. On voit sur ce monument les lettres initiales des noms de Henri et de Marie de Médicis, et, aux chapiteaux des pilastres, des dauphins entrelacés.

Cour des Offices. — En avant de la porte Dauphine sont deux Hermès colossaux, d'un beau caractère, qui marquent l'entrée de la *cour des Offices*; ils se relient à un mur d'appui couronné d'une grille, qui dessine la direction de l'ancien fossé.

La cour des Offices, bâtie par Henri IV, longue de 87 m. et large de 78, a sur la place d'Armes une entrée monumentale, d'une forme originale, où se lit une inscription mentionnant les travaux exécutés par Henri IV.

INTÉRIEUR DU PALAIS

Nous le décrivons dans l'ordre ordinaire de la visite (durée, 45 min. environ).

On entre à g., au rez-de-chaussée, sous l'escalier du Fer-à-Cheval, et l'on attend dans un vestibule (vente de photographies et de cartes postales; pendule Louis XIV; statue en marbre, dite la *Source*, par *Schœnewerck*), où les gardiens viennent prendre les visiteurs.

Chapelle de la Sainte-Trinité. — Cette chapelle (messe basse publique, dim. et fêtes à 9 h.) fut bâtie en 1529, par François Ier, sur l'oratoire de St Louis (au fond de la nef, arcade gothique). Henri IV la fit décorer. Fréminet exécuta les peintures de la voûte, encadrées en stuc, avec ornements dorés et les chiffres de Henri IV, de Marie de Médicis, de Louis XIII et d'Anne d'Autriche (elles ont été restaurées par Th. Lejeune).

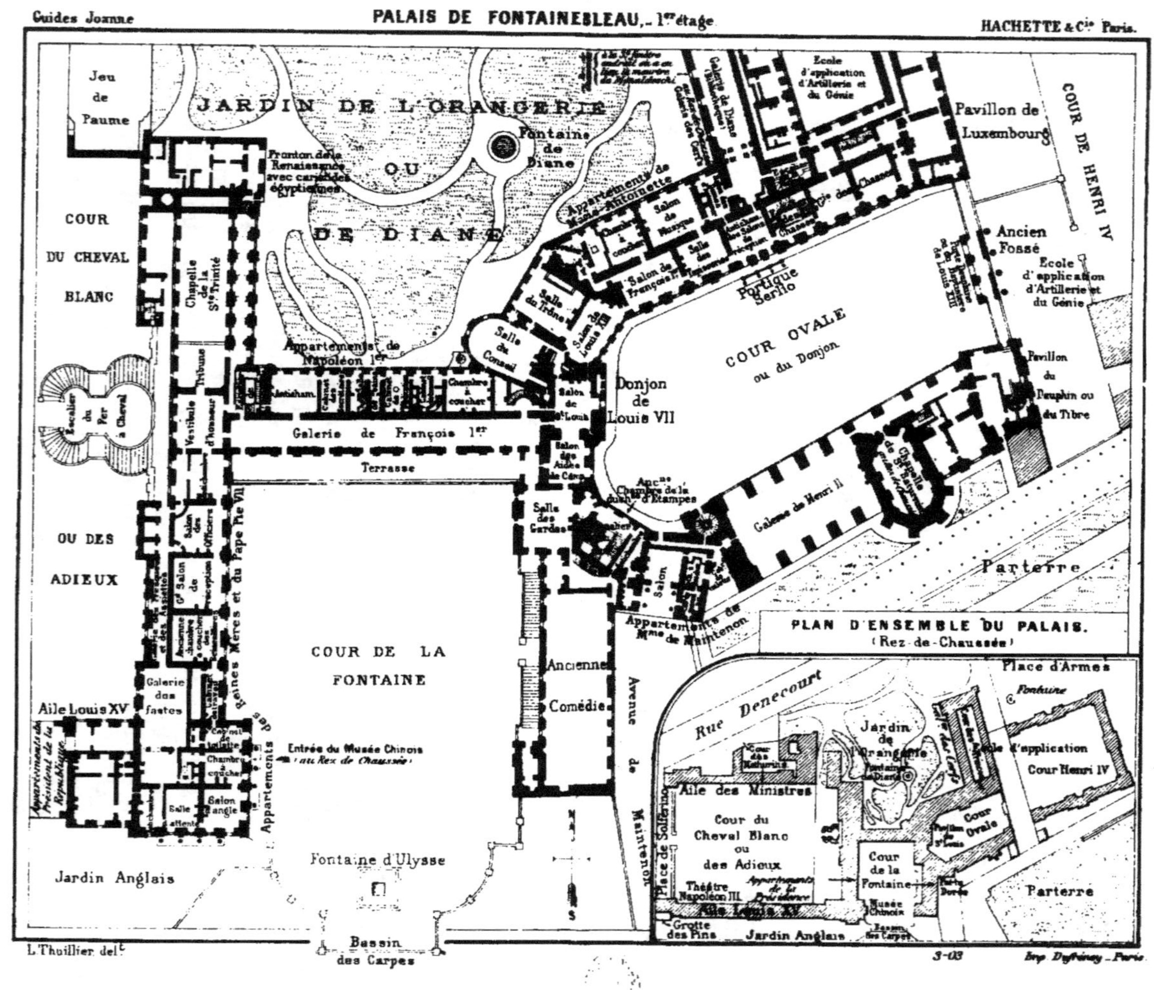

Jeu de Paume
JARDIN DE L'ORANGERIE
OU
DE DIANE
Fontaine de Diane
Fronton de la Renaissance avec cariatides égyptiennes
COUR DU CHEVAL BLANC
Chapelle de la Ste Trinité
Appartements de Marie-Antoinette
Galerie de Diane
École d'application d'Artillerie et du Génie
Pavillon de Luxembourg
COUR DE HENRI IV
Ancien Fossé
École d'application d'Artillerie et du Génie
Salon de François 1er
Portique Serlio
COUR OVALE ou du Donjon
Pavillon du Dauphin ou du Tibre
Appartements de Napoléon 1er
Salle du Trône
Salle du Conseil
Donjon de Louis VII
Tribune
Vestibule d'honneur
Escalier du Fer à Cheval
OU DES ADIEUX
Chambre à coucher
Galerie de François 1er
Terrasse
Salle des Gardes
Galerie de Henri II
Parterre
Gd Salon de Réception
Salon des Officiers
Ancienne chambre à coucher
Appartements des Reines Mères et du Pape Pie VII
Ance Chambre de la duch. d'Étampes
Galerie des fastes
Aile Louis XV
Appartements du Président de la République
Cabinet de toilette
Chambre à coucher
Salon d'angle
Salle d'attente
COUR DE LA FONTAINE
Ancienne Comédie
Appartement de Mme de Maintenon
Avenue de Maintenon
Entrée du Musée Chinois au Rez de Chaussée
Jardin Anglais
Fontaine d'Ulysse
Bassin des Carpes
PLAN D'ENSEMBLE DU PALAIS.
(Rez-de-Chaussée)
Place d'Armes
Rue Denecourt
Place de Solférino
Aile des Ministres
Cour des Mathurins
Jardin de l'Orangerie
Fontaine de Diane
École d'application
Cour Henri IV
Cour du Cheval Blanc ou des Adieux
Théâtre Napoléon III
Appartements de la Présidence
Aile Louis XV
Grotte des Pins
Jardin Anglais
Cour Ovale
Cour de la Fontaine
Musée Chinois
Parterre
S
L. Thuillier delt
3-03
Imp. Dufrénoy — Paris.

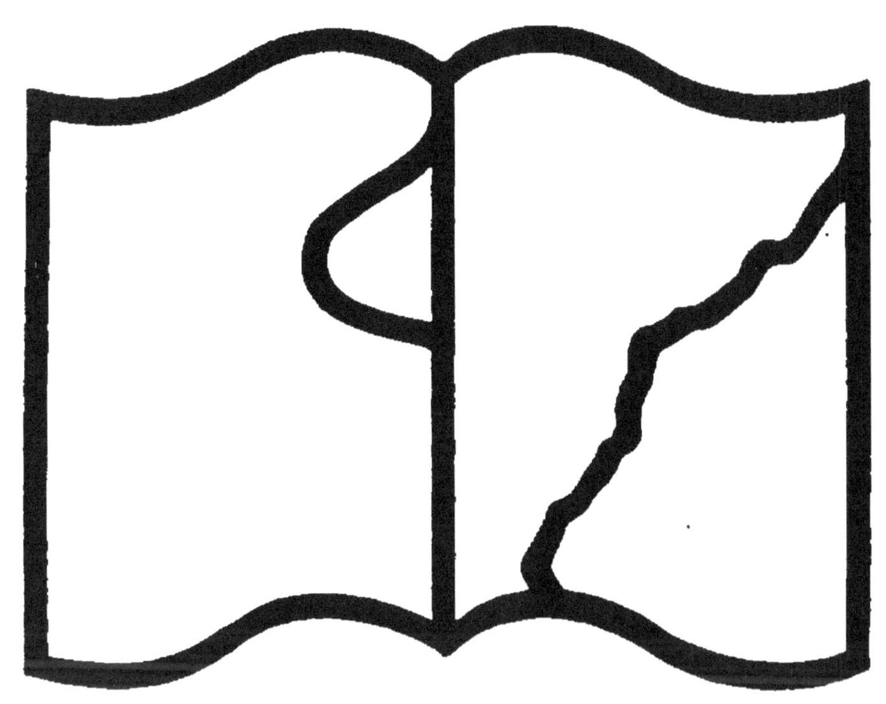

VALABLE POUR TOUT OU PARTIE DU DOCUMENT REPRODUIT

Au centre de la voûte, cinq grandes compositions : 1° (au-dessus de la tribune) *Noé faisant entrer sa famille dans l'Arche*; 2° *la Chute des Anges*; 3° *Dieu entouré des puissances célestes*; 4° *l'Ange Gabriel recevant de Dieu l'ordre d'annoncer le Messie à la Vierge*; 5° *les Patriarches apprenant la venue du Messie*. — Sous l'arcade, derrière l'autel, *l'Annonciation*. — Quatre ovales reliant les grandes compositions et représentant les *Quatre éléments*. — Entre les trumeaux des fenêtres, grandes figures représentant les rois de Jérusalem : *Saül, David, Salomon, Roboam, Abia, Aza, Josaphat et Joram*. — Grisailles à dr. et à g. des rois : *les Patriarches et les Prophètes*.

Médaillons entre les grisailles : *la Patience, la Diligence, la Clémence, la Paix*. — Aux quatre angles de la voûte : du côté de l'autel, *la Foi et la Religion*; au-dessus de la tribune, *l'Espérance et la Charité*.

Au-dessus de la porte s'élève la tribune du roi, en menuiserie. On y arrive par le vestibule du Fer-à-Cheval. Le pourtour de la nef est garni d'un lambris, anciennement doré, haut de 5 m. 50, orné de pilastres corinthiens. Des clôtures en bois doré, du temps de Louis XIII, mais encore du style de la Renaissance, ferment les renfoncements latéraux.

Le riche autel, œuvre de l'Italien Bordogni, date de Louis XIII. Entre les colonnes de brèche violette de l'autel, et dans des niches, sont les statues en marbre de Charlemagne et de St Louis, et au-dessus quatre anges en bronze, attribués à Germain Pilon. Sur l'autel, une *Descente de Croix*, de Jean Dubois. Deux anges de proportions colossales, au-dessus de l'autel, près de la voûte, supportent des écussons aux armes de France et de Navarre. Au-dessus de la tribune sont les armes des Médicis.

En sortant de cette chapelle, on monte au 1er étage par l'*escalier de François Ier*, et l'on entre à g. dans les appartements de Napoléon Ier.

Appartements de Napoléon Ier. — L'ameublement des salles suivantes date en partie de l'Empire.

Antichambre des Huissiers. — *Brenet* (1785). Les Dames romaines offrant leurs bijoux à la patrie en danger. — *Joseph Vien*. Trait de Scipion. — *Bouchet*. Portrait de Napoléon Ier. — Horloge du temps de Louis XVI, comprenant plusieurs cadrans et destinée à servir de calendrier. — Carte de la forêt. — Dessus de portes de *Boucher*.

Cabinet des Secrétaires de l'Empereur. — *Mesdag*. Marine. — *Crépin*. Baignade de nymphes. — *Brion*. Les Pèlerins de Saint-Odile.

Petite salle de passage. — *Pauline de Courcelle*. Oiseau-lyre, pastel.

Salle de Bains. — Peintures sur glaces (Jeux d'enfants, par *Barthélemy*), provenant de Trianon. — Au-dessus des portes, Bacchantes, par *Hallé*.

Cabinet de l'Abdication, ou Salon Rouge. — C'est ici que s'est accompli l'abdication de Napoléon. Le petit guéridon mesquin en acajou, sur lequel Napoléon a rédigé cet acte (remarquer l'entaille faite avec un canif par l'Empereur dans le guéridon), attire, au milieu de la salle, les regards de tous les visiteurs. En faisant basculer la table de ce guéridon, on aperçoit une petite plaque contenant l'inscription suivante : *Le 5 avril 1814, Napoléon Bonaparte signa son abdication sur cette table, dans le cabinet de travail du roi, le deuxième après la chambre à coucher, à Fontainebleau.*

Cabinet de travail. — Bureau de campagne de Napoléon. — Buste en marbre blanc de Napoléon, d'après *Canova*. — Plafond : La Justice et la Loi, par le *baron Regnault*. — Un escalier dérobé fait communiquer ce cabinet avec la bibliothèque particulière de l'Empereur Napoléon Ier (*V.* ci-dessous).

Chambre a coucher. — Encadrements dorés et sculptés des portes, de la ême époque. Amours peints en grisaille (au-dessus des portes), de *Sauvage*.

Serre-bijoux, œuvre de *Jacob*, ayant appartenu à Marie-Louise. — Pendule ornée de camées antiques, donnée à Napoléon par Pie VII. —

Lit de Napoléon en bois doré et sculpté. — Berceau du Roi de Rome.

Salle du Conseil. — Cette salle, construite sous Charles IX et décorée sous Louis XIV et sous Louis XV, est une des plus élégantes du château. Sa décoration a été exécutée par *Boucher* et *Vanloo*. La principale composition, par *Boucher*, représente *Apollon précédé de l'Aurore.* — Grande table de 2 m. 10 c. de diamètre, en bois de Sainte-Lucie et d'un seul morceau. — Sièges en tapisserie de Beauvais.

Salle du Trône. — On attribue à Charles IX la construction de cette salle, qui fut, dans le principe, la grande chambre du roi. Louis XIII la fit orner en 1642; Louis XIV l'agrandit de tout le cabinet du fond. Le trône y fut placé sous le premier Empire. Plafond merveilleux, du temps de Henri IV, composé de deux corps : le premier, à plusieurs compartiments, accompagnait une mosaïque soutenue par huit Amours, avec une couronne en relief sur fond d'azur, les armes de France et de Navarre, et quatre autres couronnes portées par des aigles dorés. Le deuxième corps est en forme de coupole enrichie après coup de fleurs de lis, des chiffres de Louis XIV, et d'une ornementation d'une grande richesse. — Au-dessus de la cheminée, beau portrait de Louis XIII en pied, d'après *Philippe de Champaigne* (l'original fut brûlé en 1793), accompagné de sa devise : *Erit hæc quoque cognita monstris*, qui fait allusion à la massue avec laquelle « ce nouvel Hercule », ainsi que l'appela Malherbe, terrassa l'hérésie. — Lustre en cristal de roche, qui a, dit-on, coûté 50,000 fr. — Au milieu de la pièce, table où l'on prêtait serment.

Les appartements situés au rez-de-chaussée, au-dessous de ceux de Napoléon Ier, donnant sur le jardin de Diane, étaient, sous le premier Empire, affectés au logement de Madame mère et de la princesse Pauline. La bibliothèque particulière de Napoléon Ier existe encore sur ce même rez-de-chaussée, absolument intacte, comme il l'a laissée en 1814.

Appartements de Marie-Antoinette. — Boudoir. — Plafond : l'Aurore, par *Barthélemy*, élève de Boucher. — Dessus de portes : les Muses, sculptées par *Beauvais.* — Dans le parquet d'acajou massif, chiffre de Marie-Antoinette. — Espagnolettes des fenêtres forgées, dit-on, par Louis XVI. — Cheminée ornée de cuivres ciselés par *Goutière.* — Deux petites consoles supportant deux vases en ivoire sculpté, donnés à Napoléon par l'empereur d'Autriche.

Au-dessus de cette pièce, un petit escalier conduit au *boudoir turc* de Marie-Antoinette (l'exiguïté de l'escalier n'en permet pas l'accès au public).

Chambre a coucher de la Reine. — La chambre à coucher de la Reine fut habitée successivement par Marie de Médicis, Marie-Thérèse, Marie-Antoinette, Marie-Louise, Marie-Amélie et l'impératrice Eugénie. — Beau plafond, construit sous Louis XIII et sous Louis XIV, composé d'un grand médaillon environné de quatre autres plus petits, reliés ensemble par de somptueux encadrements. — Le reste de la décoration et de l'ameublement date presque entièrement de Louis XVI. — Deux candélabres Louis XVI. — Tentures en soie du lit et des lambris données par la ville de Lyon à Marie-Antoinette, à l'occasion de son mariage; elles n'ont été mises en place que sous le règne de Napoléon Ier. — Paravent bien conservé. — Commode de Riesener.

Salon de musique. — C'était, au temps de Marie-Antoinette, le *salon du Jeu de la reine.* Il fut décoré par l'architecte Rousseau. — Plafond par *Barthélemy* : les Muses. — Dessus de porte, en grisaille, par *Sauvage.* — Magnifique guéridon en porcelaine de Sèvres, de *Georget* (1806), représentant les Saisons. — Sur des consoles, deux grands vases de Sèvres imitant l'agate.

Salon des dames d'honneur. — Pendule en biscuit de Sèvres. — Sous Louis XVI, cette pièce fut divisée en logements pour les femmes de la reine. Louis-Philippe y a substitué un salon style Louis XV, et a fait ouvrir une porte de communication dans le mur qui le séparait de la galerie de Diane.

Galerie de Diane (Bibliothèque). — La galerie de Diane, longue de plus de 80 m. et dont les croisées donnent sur le jardin de Diane, fut construite par Henri IV, qui fit peindre par Ambroise Dubois la légende mythologique de Diane. On y arrive aujourd'hui, comme on y arrivait alors, par plusieurs degrés. De la galerie de Henri IV il ne reste rien aujourd'hui, sauf quelques-unes des peintures de *Dubois*, qui se trouvent actuellement dans la galerie des Assiettes. Tout tombait en ruine, quand l'architecte Heurtaut proposa à Napoléon de tout faire reconstruire. La maçonnerie seule était terminée en 1815, et c'est la Restauration qui a fait exécuter la décoration actuelle.

La galerie, voûtée en berceau, est partagée dans sa longueur en huit travées; la voûte est ornée de peintures et de caissons chargés d'ornements dans le goût de la Restauration.

1re travée : *A. de Pujol*. Esculape rend la vie à Hippolyte. — 2e : *Blondel*. Latone implore Jupiter, qui change les paysans de Lycie en grenouilles. — 3e : *A. de Pujol*. Le Sanglier de Calydon. — 4e : *Blondel*. Diane invoque Jupiter. — 5e : *A. de Pujol*. Naissance d'Apollon et de Diane. — 6e : *Blondel*. Hercule, sur le Ménale, saisit la biche aux pieds d'airain. — 7e : *A. de Pujol*. Sacrifice d'Iphigénie. — 8e : *Blondel*. La Famille de Niobé.

A l'extrémité de cette galerie se trouve un *salon* décoré en stuc, dans le même style que la galerie. — *Blondel*. Diane déesse de la nuit (au centre de la voûte; autour, 3 compartiments représentant des Amours et des Zéphires avec des attributs de chasse); Vénus reçoit les plaintes de Diane (1er tableau à dr.); Diane chasse Callisto (2e); Métamorphose d'Actéon (1er à g.); Diane et Endymion (2e). — Grand vase en biscuit de Sèvres. — Meuble vitré contenant les plus belles éditions modernes et d'autres du xve et du xvie s., un choix d'anciennes reliures ayant appartenu à des personnages célèbres, et le *fac-simile* de l'abdication de Napoléon Ier (à peu près illisible; au-dessous, copie). — A dr. et à g. de la galerie, quelques tableaux : à g. (en revenant de l'extrémité de la galerie), Diane de Poitiers demandant la grâce de son père à François Ier, par Mme *Haudebourt-Lescot*; à dr., en face, Clotilde engageant Clovis à embrasser le christianisme, par *Laurent*. A g., St Louis au tombeau de sa mère, par *Bouton*; en face, Antoine de Bourbon donnant des joyaux à Jeanne d'Albret, par *Revoil*; à g. (au milieu de la galerie), portrait équestre de Henri IV, par *Mauzaisse*; à g., St Louis délivrant les prisonniers, par *Granet*; en face, Tanneguy du Châtel sauvant le dauphin au pont de Montereau, par *Richard*; à g., Charlemagne traversant les Alpes, par *Hipp. Le Comte*; en face, Jeanne d'Arc, par *Régnier*. — Dans l'embrasure de la 3e fenêtre à g. en entrant, épée et cotte de mailles de Monaldeschi.

On passe dans l'antichambre des salons de réception, d'où, si l'on est muni d'une permission, on pourra visiter l'escalier de la Reine et les appartements dits des Chasses.

ESCALIER DE LA REINE ET APPARTEMENTS DES CHASSES. — La cage de cet escalier (sur la rampe, chiffre de Marie-Antoinette) fut décorée, sous Louis-Philippe, de plusieurs tableaux relatifs à des chasses.

A g. de cet escalier, trois pièces contiennent des tableaux de *C. Vanloo, Oudry* et *Desportes*, représentant des chasses et des chiens de Louis XV. — Dans la seconde salle : le Cerf forcé par Louis XV à la Roche qui Pleure (Fontainebleau), et le Cerf à l'étang de Saint-Jean (Compiègne).

Salons de réception (à dr. de l'escalier des Chasses). — ANTICHAMBRE. — Plafond de sapin à compartiments dorés. — Trois panneaux, en tapisseries des Gobelins, de l'époque de Louis XIV (les Saisons). — Sur une console, Baigneuse en marbre.

Salle des Tapisseries. — Entièrement remise à neuf sous Louis-Philippe, et ainsi nommée des belles tapisseries de Flandre qui la décorent (Amours de Psyché). — Plafond en sapin du Nord, à compartiments, remarquable par l'habile exécution de la menuiserie. — Au milieu, table, genre Boule, sur laquelle se trouve un beau vase de Sèvres. par *Gobert*.

Salon de François Ier. — Plafond à compartiments, refait sous Louis-Philippe. — Cheminée, d'une ornementation abondante (en stuc), datant visiblement de l'époque de François Ier. Au milieu, charmant médaillon peint à fresque, attribué au *Primatice*, et représentant Mars et Vénus. Au-dessous de ce médaillon, bas-relief en stuc, imité de l'antique. Ornements en biscuit de Sèvres, d'un style douteux. Lambris et les deux portes de chaque côté de la cheminée, datant de Louis XIII. — Ameublement en tapisserie de Beauvais moderne; vieilles et belles tapisseries de Flandre, représentant des chasses de l'empereur Maximilien, dites aussi **chasses de Guise**.

Une porte, dissimulée dans l'angle du salon de François Ier, s'ouvre sur un escalier dérobé, montant au boudoir de Marie-Antoinette, qu'on ne visite pas.

Salon de Louis XIII. — Cette pièce, une des plus curieuses du château, appelée *grand cabinet du roi* ou *chambre Ovale*, servit de chambre à coucher à Marie de Médicis; c'est là qu'elle mit au monde Louis XIII, en 1601. Construite par François Ier, décorée sous Henri IV par Paul Bril, elle a été restaurée en 1837. Ambroise Dubois y avait peint treize tableaux représentant les Amours de Théagène et de Chariclée, dont trois ont été transportés dans le salon des Aides-de-Camp (*V.* ci-dessous), lorsqu'on élargit les portes pour donner passage aux robes volumineuses des dames. — Petite glace carrée, de Venise, une des premières qui aient été fabriquées. — Sur une console, grand coffret à bijoux en ivoire ayant appartenu à Anne d'Autriche. — Au-dessus de l'emplacement du lit de Marie de Médicis, portrait de Louis XIII enfant, assis sur un dauphin, par *Dubois*.

Salon de Saint Louis. — Cette salle, divisée en deux pièces, a subi des changements; sous François Ier, elle était appelée chambre de Saint Louis. Louis-Philippe a fait couvrir d'ornements le plafond, peindre en bleu et tapisser les murailles de quinze tableaux, dont cinq modernes, représentant plusieurs traits de la vie de Henri IV : Henri IV quittant Gabrielle; Henri IV et Sully blessé à Ivry; Henri IV chez le meunier Michaut; Henri IV et Sully à Fontainebleau; Henri IV et Sully chez Gabrielle. — *Nicolas Loir*. Amours. — Sur la cheminée, statue équestre de Henri IV, par *Jacquet*, dit Grenoble; elle faisait partie de la *Belle Cheminée*, dont les autres fragments se voient dans la salle des Gardes.

Salon des Aides-de-camp (seconde division de la chambre de Saint Louis). — Trois tableaux de la suite de l'histoire romanesque de Théagène et Chariclée, dont il est parlé au salon de Louis XIII. L'un de ces tableaux, dans l'angle à dr., représente l'union de Théagène et Chariclée; on y voit le portrait de Dubois peint par lui-même, et, près de lui, les portraits de Sully et du fameux banquier Zamet, qui se disait seigneur de 1,700,000 écus. — Deux tableaux par *Dubois*, sujets tirés de la Jérusalem délivrée. — Des deux côtés de la porte donnant dans la salle des Gardes, portraits de Henri IV et de Louis XV, en tapisserie des Gobelins, et, à g., très belle pendule Louis XIV, représentant le Char d'Apollon de Versailles.

Des pièces précédentes qui donnent sur la cour Ovale, on passe à la salle des Gardes, ayant vue sur la cour de la Fontaine.

Salle des Gardes. — Terminée en 1564 par Charles IX, restaurée sous Louis-Philippe (1834), par M. Mœnch. Il ne subsiste guère de la décoration primitive que le plafond et la frise. — Plafond, exécuté sous François Ier et Henri II, refait une première fois en 1661. — Boiserie et tenture (imitant les vieilles tentures en cuir de Venise) modernes. — Magnifique parquet en marqueterie correspondant, par son dessin général, au dessin du plafond. — Cheminée, par Jacquet père et fils, que Henri IV fit placer en 1590, haute de 5 m. 30 sur 4 m. de largeur, et formée d'une partie de fragments provenant de l'ancienne *salle de la Belle-Cheminée*; chambranle et montants modernes. Les deux figures de la Force et de la Paix, attribuées au sculpteur *Francarville*, appartenaient à la vieille cheminée, ainsi que la plus grande partie de l'ornementation qui encadre un buste de Henri IV. — Au-dessus des portes, cinq petits médaillons en camaïeu, renfermant des portraits de François Ier, de Henri II, d'Antoine de Bourbon, de Henri IV, de Louis XIII. — Sur les panneaux, ornés de figures allégoriques, des emblèmes et des devises traduisent le caractère le plus saillant de chacun de ces rois. — Beau vase moderne en porcelaine de Sèvres, garni d'émaux.

Sans entrer dans le Petit salon de Louis XV, orné de quelques peintures, on pénètre directement dans une petite *pièce* ovale, et l'on se trouve sur le palier de l'escalier du Roi.

Escalier du Roi. — Dans la partie supérieure de cet escalier était située originairement la chambre de la duchesse d'Étampes, appelée depuis la *chambre d'Alexandre*, du sujet des compositions peintes à fresque qui la décoraient. Les peintures en ont été attribuées successivement à Rosso, à Niccolo dell'Abate et au Primatice. — Au plafond, l'Apothéose d'Alexandre, d'*Abel de Pujol* (1838). — Médaillons décorant les voussures et représentant des rois de France, de la même époque. — Les sculptures sont, dit-on, du Primatice : la reine Marie Leczinska en fit voiler les nudités.

C'est *le Primatice* qui a fourni les dessins des compositions dont le héros est Alexandre, ou plutôt François Ier, qu'un peintre courtisan se plaît à comparer au grand conquérant macédonien. Ces compositions, au nombre de huit, peintes par *Niccolo dell'Abate* et restaurées par Abel de Pujol, sont, en tournant le dos à la cour Ovale : 1° médaillon à dr. : Alexandre domptant Bucéphale; 2° tableau : Alexandre offrant une couronne à Campaspe; 3° Timoclée, dame thébaine, amenée devant Alexandre; 4° tableau du fond : Alexandre enfermant le poème d'Homère dans une cassette 5° Thalestris, reine des Amazones, vient trouver Alexandre; 6° sur la partie g., médaillon : Alexandre coupant le nœud gordien (par *Abel de Pujol*); 7° tableau : Festin de Babylone; 8° médaillon : Alexandre donnant sa maîtresse Campaspe au peintre Apelle. — Figures en stuc, attribuées à Jean Goujon.

Du palier de l'escalier du Roi, on entre dans l'antichambre (statue en marbre blanc de la Pudeur cédant à l'Amour, par *J. Debay*) des appartements de Mme de Maintenon.

Appartements de Mme de Maintenon. — Salon : meuble de Boule d'une forme singulière; écran et canapé brodés par les demoiselles de Saint-Cyr. — Cabinet de travail : deux tableaux en tapisseries de Beauvais. — Cabinet de toilette : *Vien*, la Marchande d'Amours; deux médaillons de fleurs, d'une merveilleuse exécution, en tapisserie de Beauvais. — Chambre à coucher. — Boudoir.

On se rend à la galerie de Henri II par un corridor étroit, situé derrière les appartements de Mme de Maintenon.

Galerie Henri II ou salle des Fêtes. — Cette galerie (30 m. de longueur sur 10 de largeur), la merveille de Fontainebleau, fut construite par François Ier et décorée par Henri II. Elle est éclairée par dix fenêtres : cinq sur le jardin et cinq sur la cour Ovale (*la cour Ovale n'étant pas accessible au public, c'est d'ici qu'il faut la regarder*), ouvertes au fond d'autant d'arcades à plein cintre, qui forment des embrasures profondes de près de 3 m. Le plafond, en noyer, est divisé en caissons octogones, richement profilés à fond d'or et d'argent. Les dessins du parquet correspondent tout à fait aux divisions du plafond. Les murs, à une hauteur de 2 m., sont garnis de lambris en bois de chêne à filets et à chiffres et emblèmes d'or.

Au-dessus de la porte d'entrée, tribune. A l'autre extrémité, cheminée monumentale.

Les chiffres de Henri II et de Diane de Poitiers sont unis partout; les emblèmes de Diane, les arcs, les flèches et surtout les croissants y sont prodigués. Mais ce qui, dans cette galerie, est surtout remarquable, ce sont les compositions mythologiques exécutées, sur les dessins du *Primatice*, par *Niccolo dell'Abate*, à partir de 1552, partiellement réparées par Toussaint Dubreuil sous Henri IV, et restaurées en 1834 par Alaux (têtes petites; dessin incorrect; attitudes très gracieuses). Huit grandes compositions occupent les espaces compris entre les archivoltes des arcades. En partant de la tribune des musiciens, les quatre premières compositions sont, du côté du jardin : 1° Cérès et des moissonneurs; 2° Vulcain forgeant des traits pour l'Amour, sur l'ordre de Vénus; 3° le Soleil, accompagné des Saisons et des Heures, parcourt le Zodiaque, Phaéton lui demande son char à conduire (on prétend que le Primatice s'est représenté dans une figure placée derrière une colonne); 4° Philémon et Baucis récompensés pour avoir donné l'hospitalité à Jupiter et les Phrygiens punis pour l'avoir refusée. Les quatre autres compositions, en revenant du côté de la cour Ovale, sont : 5° les Noces de Thétis et de Pélée; 6° Assemblée des Dieux; 7° Apollon et les Muses sur le Parnasse; 8° Bacchus entouré de sa suite et d'animaux sauvages.

Cinquante compositions plus petites décorent à l'intérieur les baies formées par les arcades. Ce sont, en faisant de nouveau le tour de la salle, du côté de la cour Ovale : — Première croisée (à g. de l'entrée) : 1° Neptune; 2° Bacchus ou Pomone et des enfants; 3° Un Amour; 4° Bacchus et des Naïades; 5° Thétis. — 2ᵉ : 1° Jupiter; 2° Deux nautoniers; 3° Mars; 4° Un vieillard et un jeune homme; 5° Junon. — 3ᵉ : 1° Pan; 2° Comus; 3° l'Abondance; 4° Esculape; 5° Cérès. — 4ᵉ : 1° Hercule; 2° Caron et Cerbère; 3° le Sommeil; 4° Saturne; 5° Déjanire tenant la tunique. — 5ᵉ : 1° Adonis; 2° Deux vieillards tenant conseil; 3° Un Amour; 4° La Vigilance sous l'emblème d'un coq aux pieds d'une dormeuse; 5° Minerve. — Côté du jardin : 6ᵉ (à dr. de la cheminée) : 1° Vénus et Cupidon (Vénus est le portrait de Diane de Poitiers); 2° Narcisse; 3° Enlèvement de Ganymède; 4° Bellone; 5° Mars endormi. — 7ᵉ : 1° Une Naïade; 2° Amphion; 3° Vulcain tenant un filet; 4° Un jeune homme et un vieillard couchés sur un lion, allégorie de l'Assurance; 5° Neptune. — 8ᵉ : 1° Hébé; 2° La Résolution, sous l'emblème de deux vieillards; 3° Janus, roi d'Italie; 4° Nymphes et Naïades; 5° Bacchus. — 9ᵉ : 1° Cybèle; 2° Mars et Vénus; 3° Le dieu Hymen; 4° Cupidon endormi auprès d'une Nymphe; 5° Saturne endormi. — 10ᵉ : 1° Flore; 2° Morphée; 3° Jupiter Tonnant; 4° L'Hiver; 5° Vulcain près de sa forge.

A dr. et à g. de la cheminée : Hercule (en pantalon à crevés) combattant le sanglier d'Érymanthe : allusion à François Iᵉʳ tuant un sanglier dans la forêt; au-dessous, Diane aux enfers; — Gentilhomme combattant un loup-cervier; au-dessous, Diane au repos. — Au-dessus de la tribune, tableau représentant un Concert.

Au delà de la galerie de Henri II est la *chapelle haute*, restaurée et que l'on ne visite pas, par suite de la difficulté d'accès, non plus que la *chapelle de Saint-Saturnin* (ancienne chapelle de Louis VII, remaniée à la Renaissance), la *salle d'attente* ou *salle à manger* et le *vestibule de Saint-Louis*.

De la galerie de Henri II, on vient à la galerie de François Iᵉʳ, en passant par l'escalier du Roi, la salle des Gardes et les salles Saint-Louis.

Galerie de François Iᵉʳ. — Cette galerie, construite par François Iᵉʳ, a été commencée en 1528, ornée de peintures en 1535 et terminée en 1544. Elle a été restaurée par Louis-Philippe. Sa longueur est de 64 m., et sa largeur de près de 6 m. La terrasse qui la précède a été construite par

Château de Fontainebleau. — Galerie Henri II.

Henri IV. Sa décoration porte à un haut degré le cachet du goût artistique de la Renaissance. — Plafond composé de caissons de formes variées, en noyer, avec des moulures dorées. — Lambris du même bois, ornés de sculptures (chiffres de François Ier). — Trumeaux entre les fenêtres décorés de sujets peints, avec figures mythologiques, soit en bas-relief, soit en ronde bosse, la plupart du *Rosso*. — Fresques restaurées par *Couder* (côté de la cour de la Fontaine, en commençant du côté du vestibule du Fer-à-Cheval) : 1° La Protection accordée aux lettres par François Ier; 2° L'Union des corps de l'État autour de François Ier; 3° Cléobis et Biton traînant le char de leur mère ; 4° Danaé (cette figure, dessinée par le Primatice et peinte sous sa direction en 1537, par *Badouin*, supplanta la Diane du *Rosso*); 5° La Mort d'Adonis ; 6° La Fontaine de Jouvence ou l'Arrivée d'Esculape à Rome ; 7° Le Combat des Lapithes et des Centaures. — Au côté opposé, en retour : 1° Vénus grondant l'Amour pour avoir abandonné Psyché. Au-dessous, petit tableau curieux, représentant l'ancienne disposition de la cour de la Fontaine du temps de François Ier; 2° L'Éducation d'Achille ; 3° Un naufrage ; 4° Une Diane moderne ; 5° Ruine de la ville de Troie et la Piété filiale d'Enée ; 6° Un triomphe ; 7° L'Appareil d'un sacrifice. Au-dessous, petite fresque, représentant une Ronde de Nymphes, d'un dessin gracieux et élégant.

Vestibule d'honneur, du Fer-a-Cheval ou de la Chapelle. — A g. en entrant, coffret à bijoux, ayant appartenu à la duchesse d'Orléans. orné de cinq miniatures sur porcelaine, par *Develly* (scènes du mariage du duc et de la duchesse d'Orléans à Fontainebleau, en 1837). — Vases de Sèvres. — Statue de femme mauresque, en onyx, symbolisant l'*Algérie*. — Ce vestibule se fait remarquer par six belles portes massives en chêne sculpté, dont deux, celle par laquelle on entre et celle du mur à dr., datent de Louis-Philippe. Elles ouvrent sur la terrasse de l'escalier du Fer-à-Cheval, sur la tribune de la chapelle, sur l'escalier de François Ier, sur la galerie de François Ier, sur les appartements du Pape et sur la galerie des Fresques et Assiettes. Par un couloir et par un passage voûté, on arrive à cette galerie.

Appartements du Pape. — 1° Appartements Louis XIII ou des Reines Mères. — *Antichambre.* — Tentures en cuir, imitation de cuir de Cordoue. — Bahut du temps de Louis XIII.

Salon des Officiers. — Tapisseries des Gobelins (Histoire d'Esther). — Sur une table de marbre et de bois doré, coupe de Bologne.

Grand salon de réception. — Plafond à compartiments, richement décoré et orné des chiffres d'Anne d'Autriche et de Louis XIII. — Meubles anciens en tapisserie de Beauvais. — Tapisserie des Gobelins (XVIIe s.), une des plus parfaites connues, exécutée d'après les dessins d'un maître italien, probablement *Raphaël*, et représentant le Triomphe des Dieux.

Ancienne chambre à coucher des reines mères. — Très belles tapisseries anciennes des Gobelins, d'après *N. Coypel.* — Plafond, d'un décor d'arabesques riche et élégant, délicieusement peint par *Coltelle de Meaux* (chiffres d'Anne d'Autriche plusieurs fois répétés, unis à ceux de Louis XIII). — Au-dessus des portes, portraits d'Anne d'Autriche et de Marie-Thérèse, par *Desève.* — Lit et meubles en noyer sculpté, modernes. — C'est dans cette salle que Pie VII disait la messe pendant sa captivité; l'autel a été transporté dans la chapelle de Saint-Saturnin.

Cabinet de travail du Pape. — Portrait de Pie VII, répétition de celui de David. — Petite commode de Boule.

2° Appartements Louis XV. — *Cabinet de toilette.* — Deux très belles commodes de Boule. — Deux tableaux de *J. Breughel.* — Sièges en tapisseries de Beauvais.

Chambre à coucher du pape. — Bois de lit, de l'époque de Louis XIV, élargi et restauré sous Louis-Philippe. C'était, sous Louis-Philippe, la chambre à coucher du duc et de la duchesse d'Orléans.

Salon d'angle, faisant l'angle du pavillon donnant sur l'étang. — Ancienne tapisserie des Gobelins, représentant le Parnasse. — Deux tableaux de fleurs semblables, l'un en peinture, l'autre en tapisserie des Gobelins. — Meubles en tapisserie de Beauvais.

Salle d'attente. — Dessus de porte attribués à *Mignard*. — Anciennes tapisseries des Gobelins (les Saisons, d'après *Mignard*). — Sur la cheminée, deux vases italiens et pendule à musique, style Louis XV.

Antichambre, ayant vue sur l'étang et sur la belle allée du jardin qui le borde. — Trois paysages de *Breughel*; deux natures mortes de *Rysbrouck*; paysage de *Forbin*. — Vitrines d'objets d'art.

On sort des appartements Louis XV par une pièce obscure, qui s'ouvre dans la galerie des Fastes.

Galerie des Fastes. — Dans cette galerie ont été placés des tableaux de diverses écoles, provenant du musée du Louvre.

Galerie des Fresques et des Assiettes. — Assiettes en porcelaine peintes et représentant les résidences royales. — Plafond orné de fresques d'*Ambroise Dubois*, peintre ordinaire de Henri IV (1543-1614; on remarque surtout une danse d'enfants autour du chiffre de Henri IV), transportées sur toile et restaurées par *Alaux*.

C'est ici que le gardien abandonne les visiteurs.

Sorti dans la cour du Fer-à-Cheval, on peut demander à voir (sans intérêt) la *salle de spectacle* (500 places), construite sur les plans de Lefuel, en 1855, ou bien, passant dans la cour de la Fontaine, se rendre au bassin des carpes et au Musée chinois.

Musée chinois (ouvert aux mêmes heures que le palais; pourboire au gardien). Il occupe trois salles qui faisaient partie des anciens appartements du grand maréchal du Palais; c'est aussi un musée indo-chinois.

1re SALLE : Brûle-parfums; jardinière en cuivre émaillé cloisonné; vases-potiches; dans la vitrine, couronne en or du roi de Siam; aiguières; vases, etc.; beau lustre; deux dragons en cuivre massif, de 700 kilogr. chacun, gardant une pagode en cuivre ciselé et repoussé; belle défense d'éléphant; très beaux panneaux en laque de Coromandel, en relief.

2e SALLE : Vitrines contenant des porcelaines chinoises; statue en onyx, de *Cordier*; Jeune fille à la fontaine, marbre de *Schœnewerk*; vases de Sèvres. — Dans des vitrines : ceinture d'une valeur de 80,000 fr.; couvert en or donné par Louis XV aux ambassadeurs siamois et rapporté par des Français; collier de mandarin, en jade; perles fines et pierres précieuses, d'une valeur de 15,000 fr.; décoration de l'Éléphant blanc, évaluée avec son collier 40,000 fr.; jeu d'échecs chinois; modèle de maison japonaise; beaux panneaux sculptés d'un fini extraordinaire, exécutés dans les prisons chinoises, etc.

3e SALLE : Palanquins, chaise à porteurs de mandarin, tamtams, armures et armes chinoises, drapeaux-insignes indiquant le grade du chef par le nombre d'étages d'étoffe échelonnés sur la hampe; un guerrier, mandarin de 1re classe, avec son armure en cuir bouilli; psautier avec caractères gravés sur jade.

Appartements particuliers. — Il reste encore, en dehors des appartements que nous venons de parcourir, des appartements particuliers, que l'on ne visite qu'avec une permission spéciale et qui n'offrent d'ailleurs qu'un médiocre intérêt. Ces appartements sont : — 1° ceux de l'aile de Louis XV, au premier étage, habités, sous Louis-Philippe, par le duc de Nemours et actuellement par le président de la République; — 2° des appartements situés au rez-de-chaussée, et ayant vue sur le jardin de Diane; — 3° l'ancienne *galerie des Cerfs*, qui a été rétablie telle qu'elle était à l'époque où la reine Christine de Suède y fit assassiner Monaldeschi (inscription commémorative). Cette galerie est en outre ornée de nombreuses **pein**-tures représentant les châteaux et les parcs de diverses résidences des souverains de la France.

La *cour des Offices* ou *de Henri IV*, avec les bâtiments qui l'entourent, forme une annexe du château occupée par les élèves de l'*École d'application de l'artillerie et du génie*.

Le *pavillon de Sully*, aujourd'hui isolé du château, se trouve à l'angle N.-E. du Parterre, près de la grille du parc qui s'ouvre sur la grande avenue conduisant à la porte d'Avon. Cet édifice servait de logement au grand maître et au grand chambellan. C'est là qu'habitait Sully.

Les jardins. — Les jardins actuels datent de Louis XIV, qui avait bouleversé le parterre de Henri IV et de François Ier, en chargeant Le Nôtre de donner au jardin une nouvelle disposition. Ils sont au nombre de trois : le *Parterre*, le *jardin Anglais* et le *jardin de Diane*.

PARTERRE. — On nomme ainsi le jardin borné, au N., par la façade du château (depuis la porte Dorée jusqu'à l'extrémité des bâtiments des Offices); à l'O., par l'allée de Maintenon, qui longe l'étang; à l'E., par les grilles et la terrasse qui le séparent du parc; au S., par une pièce d'eau en fer à cheval, nommée le *Bréau* (entourant un *bassin* rond, dit *de Romulus* et au delà de laquelle la vue s'étend sur la forêt dans la direction des rochers d'Avon. Le Parterre, qui forme un carré de 3 hect., est le jardin le plus fréquenté du château, il a à son centre une pièce d'eau appelée *bassin du Tibre*. On y entre : par une grille ouverte dans l'angle de la *place d'Armes*; par une autre grille donnant derrière le pavillon de Sully; par une porte voisine des écuries, du côté du quinconce d'Avon; ou par l'allée de Mainte-non, en y arrivant soit par la cour du Cheval-Blanc et la cour de la Fontaine, soit par la grille du côté du Mail Henri IV.

JARDIN ANGLAIS. — Le jardin Anglais est ouvert au public, et l'on y entre par la cour de la Fontaine au N. Il est borné par *l'aile neuve* du château, par le boul. de Magenta qui aboutit à l'Obélisque, par la route de Moret et par l'allée de Maintenon.

La *fontaine Bleau* (aujourd'hui perdue), qui passe aux yeux de quelques historiens pour avoir donné son nom au palais, jaillissait au S.-O. de ce jardin, qui a été plusieurs fois transformé.

Napoléon fit, en 1809, dessiner par l'architecte Heurtaut ce jardin, terminé en 1812, et planté d'arbres variés, de platanes, de sycomores, de sophoras, de catalpas, de tulipiers. — Le cyprès de la Louisiane s'y est surtout multiplié.

L'Étang (4 hect.) borne à l'E. le jardin Anglais, et une magnifique allée de vieux arbres forme sur ses bords une agréable promenade. Au milieu, Henri IV fit élever un pavillon. Ce pavillon, construit dans sa forme actuelle sous Napoléon, a été restauré sous Louis-Philippe. Les visiteurs ne manquent pas de se réunir sur le terre-plein de la cour de la Fontaine qui domine l'étang, pour y voir les ébats gloutons d'un nombre pro-

Château de Fontainebleau. — Bassin des Carpes et cour de la Fontaine.

digieux de **carpes** dévorant les morceaux de pain qu'on jette (une marchande de pain est installée dans la cour). « Cette pièce d'eau ayant été mise entièrement à sec en 1815, dit Champollion-Figeac, lors de l'occupation par les puissances étrangères, les poissons furent tous enlevés et pillés par les Cosaques; il n'y a donc pas de carpes plus anciennes que cette date. »

Louis XV fit construire, à l'extrémité de l'étang et du côté de l'avenue de Maintenon, un bâtiment pour les écuries, appelé le *Carrousel*; un autre bâtiment, le *Manége*, fut élevé en 1807 pour l'Ecole militaire; tous les deux sont aujourd'hui des dépendances de l'Ecole d'application.

JARDIN DE L'ORANGERIE OU JARDIN DE DIANE. — Ce jardin, considérablement agrandi par Louis-Philippe, s'étend au N. des bâtiments du palais. On y voit encore les fossés du vieux château. Il s'appelait le *jardin des Buis* sous François I". Une volière, construite par Henri IV, fut remplacée sous Louis XIII par une orangerie (détruite depuis), qui lui fit donner le nom qu'il a conservé jusqu'ici. On a désigné aussi ce jardin sous le nom de *jardin de Diane*, à cause de la statue en bronze de cette déesse, élevée au-dessus d'une très jolie fontaine ornée de têtes de cerf en bronze, d'où l'eau s'échappe et tombe dans un bassin de marbre blanc. Cette fontaine fut construite sous le premier Empire. Henri IV avait déjà fait établir le bassin en marbre blanc.

On voit dans ce jardin un reste remarquable et original d'architecture de la Renaissance : ce sont deux cariatides égyptiennes supportant un fronton décoré de trois groupes d'enfants.

Le Parc (entrée interdite aux cavaliers et aux voitures, sauf dans l'allée transversale qui sépare les cascades du canal; autorisation de passage, 15 fr. par chev. et par voit. pour la saison; s'adr. à l'Administration). — D'une superficie de 84 hect., le parc s'étend à l'E. du Parterre et de Fontainebleau; le *canal* que fit creuser Henri IV, et qui a près de 1,200 m. de longueur sur 39 de largeur, le divise. Il est borné : au N. par les murs de la longue *treille du Roi* (3,000 à 4,000 kilogr. d'excellents chasselas, annuellement); au S., par les bois d'Avon, et, à son extrémité, par les champs et les jardins maraîchers de Changis et d'Avon. On y descend, du Parterre, par deux rampes que ferment des grilles entre lesquelles est construit un château d'eau nommé *les Cascades*. Des statues et divers objets ornent le couronnement ainsi que la base de ces cascades. Une magnifique avenue, bordée d'ormes, plantés sous Louis XIV, traverse le parc dans sa longueur, parallèlement à celle des bords du canal, et conduit à Changis et à Avon. A dr. et au commencement du parc, en venant du Parterre, sont de vastes bâtiments modernes, construits à la place où François I" avait établi sa *héronnière*. Aujourd'hui ces bâtiments, ainsi que le parquet d'Avon qui leur fait suite, sont occupés par l'*Ecole d'application de l'artillerie et du génie*, et par les magasins du 5° corps d'armée.

[A 1 .. 5 S. de la gare de Fontainebleau (du centre de la ville, la *rue du Chemin-de-Fer*, puis à dr. la *Grande-Rue* d'Avon, longeant le mur E. du parc, conduisent à l'église ; course toujours assez pénible à pied, qu'on parte de la ville ou de la gare), **Avon** (hôt. : des *Cascades* ; des *Chasses*), 2,783 hab., possède une *église* du XIII° et surtout du XV° s., dont le chœur offre une disposition très originale. Sous le petit porche, du XVII° s., sont encastrées dans le mur les épitaphes de Daubenton (à g.) et de Bezout (à dr.). Au fond de la nef, à dr. en entrant, pierre tombale de Monaldeschi ; aux murs latéraux, nombreuses épitaphes d'officiers royaux et de magistrats : parmi ces épitaphes est celle du peintre Ambroise Dubois (à dr. du chœur).

B. — LES VILLÉGIATURES DE LA FORÊT

A côté de la grande résidence estivale de Fontainebleau, des centres de villégiature plus modestes, et d'abord surtout habités par les artistes peintres, se sont créés dans les petites localités du pourtour de la forêt. Des familles parisiennes sont venues s'installer à leur tour, pour la belle saison, dans ces stations mises à la mode par les peintres, et fréquentées de mai à novembre. Le printemps et l'automne sont les saisons les plus propices pour ces séjours en forêt, surtout l'arrière-saison, quand les feuilles « tournent ».

Ces villégiatures, ou du moins les principales, car il n'est pas de village et même de hameau qui ne cherche, dans la contrée, à attirer les séjournants d'été, celles en un mot qui sont assez organisées pour pouvoir être désignées au public, sont : — sur la lisière O. de la Forêt, Barbizon et Fleury-en-Bière ; — sur la lisière E., Bois-le-Roi, et, jusqu'à un certain point, Samois ; — au S., Marlotte, Bourron, Grez, Recloses, et un peu le Vaudoué. Nous allons les passer en revue, consacrant un paragraphe sommaire à chacune d'elles, en donnant leurs moyens de communication avec la plus prochaine gare de chemin de fer et avec Paris, et leurs facilités d'installation et d'approvisionnement.

1° **Barbizon** (par la gare de Melun, d'où part un tramway à vapeur en corresp. avec les trains du P.-L.-M. : traj. de 12 k. en 45 min. ; 1 fr. 25 en 1™ cl., 75 c. en 2° cl. ; all. et ret., 1 fr. 90 et 1 fr. 10 ; billets simples de Paris à Melun, 5 fr. 05, 3 fr. 40, 2 fr. 20 ; all. et ret., val. 2 j. et du samedi matin au lundi soir, 7 fr. 55, 5 fr. 45, 3 fr. 55 ; billets simples réd. de 10 p. 100, *par série de vingt*, de Paris à Melun ; *la gare de Paris P.-L.-M. délivre des billets et enregistre directement les bagages pour Barbizon*). — *Barbizon* ou *Barbison*, à l'extrémité O. de la forêt, à 9 k. 7 N.-O. de Fontainebleau par une avenue forestière vraiment royale, dépend de la commune de Chailly, où il a son bureau de poste (télégraphe et téléphone à Barbizon même). Il est voisin des gorges d'Apremont et de la futaie du Bas-Bréau, sites aimés des peintres. A la suite de *Théodore Rousseau* et de *Millet*, qui reposent dans son cimetière (*monument* commémoratif à l'entrée de la forêt, au milieu des rochers qui dominent le chemin venant de Fontainebleau ; il consiste en une plaque de bronze encastrée dans un rocher et portant, en bas-reliefs, les médaillons jumelés des deux peintres, par H. Chapu), les peintres y ont afflué, l'école de Barbizon s'est formée, beaucoup d'artistes y ont acquis des propriétés et s'y sont établis à demeure; d'élégantes villes se sont construites de tous côtés, surtout à l'entrée de la forêt. Si Millet, Rousseau, Diaz, Jacques, Ziem, Pâris et tant d'autres gloires dont se réclame Barbizon ont disparu, de nouveaux noms y continuent la tradition artistique : Rochegrosse, Ménard, le sculpteur Marqueste, Schwab, Lauth, Cadel, Chaigneau, Masson, Céramano, Comble, Mmes Rougier, Vorus, Séailles, etc.

Barbizon possède de nombreux hôtels : l'*hôtel et pension des Charmettes* (arrêt du tram), très confortable, avec installation hygiénique et moderne permettant de recevoir la clientèle toute l'année (ch. chauffées l'hiver; petit déj., 75 c. et 1 fr.; déj., 2 fr. 50 et 3 fr.; dîn., 3 fr. et 3 fr. 50; ch. à 1 lit, 3 à 5 fr., à 2 lits, 5 à 8 fr.; pens. 6 à 10 fr.); l'*hôtel de la Forêt* (pens. dep. 8 fr.); l'*hôtel Siron-Blatrix* (pens. dep. 6 fr.); l'*hôtel de l'Exposition* (pet. déj., 75 c.; déj. 3 fr.; dîn., 3 fr. 50; ch. à 1 lit, 3 fr., à 2 lits, 5 fr.; pens. 10 fr. par j. pour une sem., 9 fr. par j. pour un mois); l'*hôtel de la Clef d'Or* (pet. déj., 75 c.; déj., 2 fr. 50; dîn., 3 fr.; ch. à 1 lit, 2 fr., à 2 lits, 3 fr.; pens. 7 fr. par j.). Plusieurs paysagistes devenus illustres ont laissé dans ces hôtels des souvenirs de leur passage; les murailles, les panneaux des armoires, les cheminées, les murs, sont couverts d'études de paysages, d'esquisses peintes, de bacchanales enluminées, de charges, de portraits, qui ont transformé ces hôtelleries en musées drôlatiques. Il existe, de plus, dans la plupart des hôtels, des expositions permanentes de peinture où l'on voit des toiles d'une réelle valeur. En outre, on visite à Barbizon le **musée Pâris**, et, sur permission, la *maison* qu'habita *Millet* et où sont conservées quelques-unes de ses œuvres et des tableaux de Diaz, Rousseau, Ricard, etc.; enfin on visite aussi plusieurs expositions particulières, intéressantes.

Une coquette *chapelle* a été édifiée sous les arbres, dans les bâtiments transformés de l'ancienne habitation du peintre Rousseau.

On trouve à louer à Barbizon des maisons meublées et beaucoup de petits logements de 3 ou 4 pièces (prix modérés). Pour une maison composée de 6 ch. à coucher, salle à manger, salon, cuisine, ch. de bonnes, jardin, il faut compter de 1,000 fr. à 1,800 fr. par an, suivant le degré de confort. — L'approvisionnement est facile; il y a boucher, boulanger, épiciers dans le village même, et le tramway permet d'aller faire son marché à Melun. — On trouve des voit. et des chevaux à louer chez *Delouche*.

2° **Fleury-en-Bière** (13 k. de la gare de Melun, V. 1°; voit. publique, 1 fr. 25; 12 k., par la route de Fontainebleau). — *Fleury-en-Bière*, dans la vallée du Ru de Rebais, affluent dr. de l'École, est habité dans la belle saison par une colonie de peintres. Le v., qui possède un *château* du XVI° s., entouré de fossés (chapelle ornée de fresques, attribuées à Rosso et au Primatice ; parc traversé par un canal) et ayant appartenu au cardinal de Richelieu (monogrammes *A. D.*, Armand Duplessis, et *C. C.*, Cosme Clausse, argentier du roi, sur le fronton de la façade regardant le parc), est très bien situé, à 4 k. de la forêt et à portée de (2 k.) Cély (*V. C.*, Promenades en voiture, 4°), (7 k.) Courances (même renvoi), (11 k.) Milly (p. 51), qui forment

Barbizon. — Monument Rousseau et Millet.

autant de buts d'excurs. On peut rayonner de Fleury-en-Bière sur le côté du Bas-Bréau et de Barbizon, celui des Grandes-Vallées et du Vaudoué, en forêt, et aussi sur la charmante et trop peu parcourue vallée de l'Ecole. — Fleury-en-Bière (eau potable excellente ; pays très sain), desservi par le bureau de poste de Perthes-en-Gâtinais, possède un hôtel modeste mais propre, *l'hôtel Vigneron* ; on trouve dans le v. des appartements meublés.

3° **Bois-le-Roi** (stat. de ch. de fer à 51 k. de Paris ; 5 fr. 70, 3 fr. 85, 2 fr. 50 ; aller et ret., val. 2 j. et du samedi mat. au lundi soir, 8 fr. 55, 6 fr. 15, 4 fr. ; la stat. est à 1 k. 5 du v., qui est, par la route, à 10 k. de Fontainebleau). — *Bois-le-Roi* (téléphone) possède plusieurs châteaux, notamment le magnifique *château de Brolles.* — Dans le cimetière, *monument* élevé par souscription, en 1892, au compositeur *Olivier Métra* (1830-1889), et formé d'une pyramide en marbre supportant le buste de Métra, par Ludovic Durand. — On trouve à Bois-le-Roi les hôtels du *Soleil d'Or* (pens., 5 à 6 fr.) et de la *Vallée de la Solle* (mêmes prix), une pension de famille (*Aug. Masson*) avec grands jardins, à Brolles, près de la forêt, des maisons et appartements meublés (à tous prix; moyenne 800 à 1,000 fr. pour la saison). Les approvisionnements sont facilités par la proximité de Melun. — Voit. à louer chez *Joubier* et chez *Noël.*

4° **Samois, Héricy, les Plâtreries** (Samois est à 5 k. 5 de la gare de Fontainebleau, à laquelle le relie un service d'omnibus électriques, trolley automoteur : 40 c.; all. et ret., 60 c.; bagages, 5 c.). — *Samois* est situé au-dessus de la Seine et à la lisière de la forêt. Le centre communal est un peu élevé et à l'entrée même du bois; les quartiers du *Bas-Samois* et du *Petit-Pont* bordent la rive g. de la Seine. Le Petit-Pont fait communiquer Samois avec une île d'où l'on passe en bac, sur la rive dr., à *Héricy* (hôt. *de la Gare*), desservi par le nouveau ch. de fer, et où l'on trouve quelques maisons meublées, depuis 100 fr. par mois. Mais c'est plutôt une villégiature de pêcheurs que d'amateurs de courses en forêt, tandis que Samois réunit les deux genres de distraction et possède deux hôtels, le confortable *Grand-Hôtel Beau-Rivage* (pet. déj., 75 c.; déj. 3 fr., din. 3 fr. 50, avec 1/2 bout. de vin; ch. à 1 lit dep. 3 fr., à 2 lits dep. 4 fr.; pens. dep. 8 fr. par j. pour une semaine, dep. 7 fr. par j. pour un mois; téléphone dans l'hôtel), très bien situé au Bas-Samois, sur les bords de la Seine, et adossé à la forêt, et le *chalet des Peupliers.* On ne trouve à Samois qu'un très petit nombre de modestes maisons habitées pendant les vacances par des propriétaires parisiens et qu'ils louent, *pour juin et juillet seulement*, dans le prix de 150 fr. les deux mois pour une maisonnette sans étage, avec salle à manger, cuisine, 2 ch. à coucher (3 lits), cave, grenier, puits et jardin. — A 2 k. de Samois, 1 k. 5 du Petit-Pont, sur la route de Fontainebleau et au bord de la Seine, aux **Plâtreries** ou *Port-à-l'Anguille*, on trouve de belles villas et des maisons meublées (clientèle de canotiers; assez cher) et un cabaret-auberge (ch. meublées), *A la bonne Matelote*, dont les matelotes jouissent d'une grande réputation (bon, mais cher). — Toujours en continuant vers Fontainebleau (2 k. de la gare), les cabarets du *Pont-de-Valvins* (tram électr. pour Fontainebleau) sont renommés pour leurs matelotes et leurs fritures.

5° **Fontaine-le-Port** (station du nouveau ch. de fer de la rive dr. de la Seine). — *Fontaine-le-Port* (télégraphe; poste au Châtelet-en-Brie, à 4 k.), que la Seine (pont) sépare de la forêt, est échelonné au sommet d'une boucle du fleuve; on peut y combiner la pêche avec la promenade dans une partie de la forêt malheureusement peu fournie. De plus, la nouvelle voie ferrée, avec ses remblais, est venue gâter le panorama. — *Hôtel de la Gare* ou *Godin* (pet. déj., 50 c.; déj. ou dîner, 3 fr.; ch. à 1 lit, 1 fr. 50, à 2 lits, 2 fr. 50; pens. 6 fr. par j.).

6° **Marlotte** (2 k. de la gare de Montigny-Marlotte, lignes du Bourbonnais et de Moret à Malesherbes; omn. de l'hôtel Mallet aux trains, du 1ᵉʳ juin au 1ᵉʳ septembre; 50 c.; en sortant de la gare on monte à g. pour Marlotte et on descend à dr. pour Montigny; très jolie promenade de 1 h. 30 de la gare de Montigny à Marlotte, par le sentier Denecourt du Long-Rocher et du Restant du Long-Rocher; 8 fr. 40, 5 fr. 65, 3 fr. 70; aller et ret., val. 2 j. et du samedi mat. au lundi soir, 12 fr. 70, 9 fr. 05, 5 fr. 90; Marlotte est, par la route, à 8 k. 5 de Fontainebleau) — *Marlotte* est le Barbizon du S.-E. du massif forestier. Comme Barbizon, il a sa colonie de peintres, attirés par le Long-Rocher. Il possède un excellent hôtel, l'*hôtel Mallet* ou *de la Renaissance* (pet. déj., 50 c.; déj. à table d'hôte à midi, 2 fr. 50, à partir de 1 h. 3 fr., à petites tables 3 fr., au jardin 3 fr. et 3 fr. 50; dîn., 3 fr., petites tables 3 fr. 25, et 3 fr. 50 au jardin; ch. à 1 lit dep. 2 fr., à 2 lits 4 et 5 fr.; pens. de 6 à 8 fr. par j. pour 8 j. au moins; téléphone; exposition de peinture; jardins; peut recevoir 100 personnes), avec annexes et hôtel-succursale dans l'*île de Mallet* (20 min.; rivière du Loing), où les pensionnaires portent leur déj. l'été. A côté de l'hôtel, les *villas Mallet* se louent meublées depuis 600 fr. pour la saison. — L'approvisionnement est facile : il y a, dans le pays, boucher, épicier, fruitier, deux boulangers. — Un bureau de poste, de télégraphe et de téléphone se trouve à la bifurcation des routes de (1 k. 5) Bourron (*V.* 7°) et de Fontainebleau.

Montigny-sur-Loing (*église* des XIIIᵉ et XVᵉ s.), près de la station de Montigny-Marlotte, serait une bonne villégiature de pêcheurs (*hôt.-rest. de la Gare* : repas, 2 fr. 50; pens., 6 fr.; téléphone; *hôt. du Loing*; *rest. du Coq*, avec bateaux à volonté, jardins et bosquets sur la rivière), si les propriétaires riverains n'empêchaient à l'envi les uns des autres l'accès du Loing. — Voitures, petits et grands breaks à louer chez *Frot*, hôtel de la Gare. — Exposition permanente d'œuvres d'art à la *faïencerie Delvaux*.

7° **Bourron** (1 k. de la gare du même nom, lignes du Bourbonnais et de Moret à Malesherbes; venant de Paris, on change à Moret pour cette dernière ligne; 8 fr. 85, 5 fr. 95, 3 fr. 90; aller et ret., 13 fr. 35, 9 fr. 55, 6 fr. 25, valable 2 j. et du samedi mat. au lundi s.; Bourron est, par la route, à 8 k. de Fontainebleau, à 9 k. de Nemours). — *Bourron* (téléphone; si l'on arrive avec bagages, écrire d'avance à l'hôtel pour demander une voiture), centre communal de Marlotte (*V.* 6°), dont il n'est distant que de 1 k. 5, jaloux de l'importance croissante de ce ham., a voulu prendre rang à son tour parmi les villégiatures forestières, et, dans une certaine mesure, il y a réussi. Sa situation est tout à fait centrale pour la partie S. de la forêt. Le v. est bâti à la lisière du bois, à l'intersection de plusieurs belles routes, et ses environs offrent de splendides promenades. Dans Bourron même, on peut visiter le *château de Montesquiou* et ses jardins; au N., dans la forêt, les quartiers des *Ventes-à-la-Reine* et de la *Croix de Saint-Hérem*; à l'E. (15 à 20 min.) Marlotte (*V.* 6°) et le *Long-Rocher*; à l'O. (25 min.) le *rocher de Bourron* (point de vue) et (1 h.) la superbe table de grès de Recloses (*V.* 9°); et au S. (3 k.) Grez (*V.* 8°). Mentionnons enfin la superbe course en voit. (1 h. 15 à 1 h. 30) de Fontainebleau, par la route et le détour des Ventes-à-la-Reine (beaux chênes). — Bourron a deux hôtels, l'*Hôtel de la Paix* ou *Poinsard* (bonne cuisine bourgeoise; pet. déj., 75 c.; déj., 2 fr. 50; dîn., 3 fr.; ch. à 1 lit 2 fr., à 2 lits 3 fr.; pens., 6 fr. par j.) et l'*hôtel de la Gaîté*; on y trouve des appartements meublés.

8° **Grez** (3 k. de la gare de Bourron, *V.* 7°; omn. de l'hôtel Chevillon aux trains pendant l'été : 40 c.; 3 k. 6 de Marlotte, 4 k. 5 de Montigny-sur-Loing, 6 k. 8 de Nemours, 3 k. 8 de Villiers-sous-Grez, 12 k. 5 de Fontainebleau; la route de la gare de Bourron à Grez traverse le plateau sans ombrages entre la lisière de la forêt et le Loing). — *Grez* ou *Grez-sur-Loing* (téléphone) est un joli v. un peu éloigné de la forêt, mais où les bords du Loing offrent des sites délicieux, et une colonie de peintres américains s'y fixe pendant l'été (promenade, baignade et pêche). La route de (1 k. 6) *Montcourt* y franchit le Loing sur un pittoresque **pont** du XVᵉ s. (vue splendide, arbres, saulaies, bateaux-lavoirs, remises de bateaux de plaisance; à dr., ruines d'un *donjon* du XIIᵉ s., reste d'un château bâti, selon la tradition, par la reine Blanche, mère de St Louis, et où mourut, en 1531, Louise de Savoie, mère de François Iᵉʳ; vue sur l'abside de l'église; sur l'autre rive du Loing, belles prairies). L'*église* de Grez, des XIIᵉ et XIIIᵉ s., a des chapiteaux curieux et un remarquable portail roman. Des fondations et un souterrain montrent que l'église communiquait avec le château. — Grez a un bon hôtel, l'*hôtel Chevillon* (petit déj., 50 c.; déj., 2 fr. 50 et 3 fr.; dîn., 3 fr.; ch. à 1 lit 2 fr., à 2 lits 3 fr.; pens. dep. 6 fr. par j.); et l'on trouve, dans le village, des appartements meublés à louer avec ateliers de peintres. — **Voitures à volonté à** l'*hôtel Chevillon*, chez *Auguste Crépin* et chez *Charlot*.

9° **Recloses** (5 k. de Bourron, *V.* 7°, par la belle route des hauteurs, exposée au soleil, décrite ci-après; si l'on y vient en excurs. de Bourron, on pourra regagner cette localité par la *route de la vallée Jauberton*, ombragée en partie; pas de voit. publique: Recloses est, par la route, à 8 k. de Fontainebleau, et, comme on ne trouve pas de voit. à la gare de Bourron, c'est à Fontainebleau qu'il faut descendre, avec des **bagages**). — Du v.

de Bourron, on descend à la gare et jusqu'à la rencontre de la route de Nemours, que l'on traverse pour prendre, en face, la route de Villiers-sous-Grez. 200 m. après avoir franchi la voie ferrée à une maison de garde, on arrive à la croisée de 4 routes : il faut prendre celle de dr., pavée, qui conduit à Recloses en s'élevant d'abord à travers bois, puis sur un plateau cultivé (très belle vue).

Grez-sur-Loing.

5 k. *Recloses*, v. qui, encore ignoré de la foule des promeneurs, constitue le site le plus étrange du pourtour de la forêt. Il est construit à l'extrémité (124 m. d'alt.) d'une table de grès qui tombe perpendiculairement au-dessus d'un ravin boisé. Ce plateau gréseux est troué, comme une éponge, de vasques petites et moyennes, qui conservent l'eau pluviale. Au centre du v., on laisse à g. la route de Fontainebleau et, plus loin, avant le commencement de la route de la vallée Jauberton, on a une **vue étonnante**, à dr., sur le village et sur le ravin profond et boisé, en face sur un cirque rocheux tapissé de forêts. — Dans l'*église*, du XIII° s., remaniée, retable du XII° s. — Recloses a deux hôtels très simples : du *Point de Vue* (jardin

avec splendide panorama; pens. 5 fr. 50 par j.) et *de la Renais-*
sance (restaurant), sur la place. — Quelques maisons meublées
à louer (s'adr. à la mairie pour renseignements) sont très recher-
chées des peintres pour leurs « jardins-panoramas », c'est-à-dire
avec la vue du ravin; nous mentionnerons, parmi les plus
confortables, celle de Mme Vve Pelletier Auguste (salle à manger,
cuisine, 4 ch. à coucher et 6 lits, cabinet et jardin-panorama;
linge de table et de literie), dont on demande 800 fr. pour cinq
mois d'été. La localité possède bouchers, charcutiers, boulangers, fruitier, etc.

10° **Le Vaudoué** (5 k. 4 de la gare de la Chapelle-la-Reine de
la ligne de Malesherbes à Moret); pas de voit. publique; billets
simples de Paris, *par Moret*, 89 k., 9 fr. 95, 6 fr. 75, 4 fr. 40;
aller et ret. val. 2 j. et du samedi matin au lundi soir, 15 fr. 05,
10 fr. 85 et 7 fr.; *par Malesherbes*, 94 k., 10 fr. 65, 7 fr. 20, 4 fr. 65;
aller et ret., 15 fr. 90, 11 fr. 45, 7 fr. 40; avec un billet d'aller
et ret. par Malesherbes on peut revenir par Moret, mais on ne
peut faire le contraire qu'en payant le supplément; avec des
bagages, il serait préférable de prendre à Paris le train pour
Maisse [ligne de Malesherbes; 7 fr. 30, 4 fr. 90, 3 fr. 20; aller
et ret. 10 fr. 90, 7 fr. 85, 4 fr. 15] et là, la voit. de Moreau [pour
Milly], qui peut conduire [faire prix] les voyageurs jusqu'au
[14 k. de la stat. de Maisse, 7 k. de Milly] Vaudoué. — Très belle
excurs., pour un bon marcheur, de la gare de la Chapelle-la-
Reine à Fontainebleau, par le Vaudoué et les Grandes-Vallées).
— Sortant à dr. de la gare de la Chapelle-la-Reine, on trouve la
route à l'entrée de ce bourg, qu'on laisse à g. La route traverse
la voie ferrée et se déroule sur un plateau de cultures, détachant
à dr. la route de (3 k. 7) *Achères* (*église* avec portail roman et
chœur de la Renaissance) et (30 k.) Melun. — Le plateau franchi, on a une belle vue sur la forêt, à travers une dépression
entre deux crêtes rocheuses, puis la route, devenant très intéressante, décrit un lacet et descend dans un cirque boisé de
sapins (beaux rochers; affleurement de grès en blocs moussus,
au milieu des sapins). A un tournant, on aperçoit le clocher et
les maisons du Vaudoué (à dr., magnifiques rochers).

5 k. 4. *Le Vaudoué*, dans un bassin de petites cultures, très
artistement situé à l'extrémité N. d'un cirque fermé et parsemé
de superbes blocs de grès, à la naissance de l'Ecole, n'est guère
connu que de rares peintres et des chasseurs (le pays est assez
giboyeux), les uniques hôtes de ses auberges, du reste fort
rudimentaires. Il est assez difficile de s'y installer (s'y adr. à
M. le notaire Gonnet), et, de plus, le voisinage des sables y attire
pendant la saison chaude des mouches et moustiques fort désa-
gréables. L'approvisionnement se fait assez peu aisément par
(7 k.) Milly; on trouve au Vaudoué des œufs et de la volaille.
Il y a de nombreux buts de promenades dans la région environ-
nante, non seulement en forêt, mais aussi dans la vallée de

l'Ecole, et de très beaux rochers, dont celui de la Justice (*V.* ci-après) est le plus connu.

[Du Vaudoué à Fontainebleau, par les Grandes-Vallées et Arbonne (20 k. 5; trajet recommandé). — La route descend à l'origine de l'Ecole, dont elle suit la rive dr. (gracieux paysages) à quelque distance, sur la lisière de (à dr.) la forêt. De l'autre côté de la vallée (à g.) se montre la route de Noisy-sur-Ecole, dominée par le *Rocher de la Justice.* — 3 k. 5. On laisse à g. une route qui franchit l'Ecole pour aller rejoindre la route de Noisy à Oncy et à Milly et, s'éloignant de plus en plus du ruisseau, on longe à g. le mur du *château de Chambergeot.* — 4 k. 2. On quitte la route de Milly, pour prendre à dr. celle des Grandes-Vallées et d'Arbonne, en face de l'extrémité du mur du parc de Chambergeot. — 4 k. 9. A g., à travers bois et défrichements, se montre au loin Milly. La route s'élève à travers bois. — 5 k. 1. Faîte et descente. — 8 k. 2. La route aboutit à celle de Milly à Arbonne (borne 27 k.), en face d'un belvédère perché sur la *montagne des Grandes Vallées* (beaux rochers gris, émergeant des sapins), et l'on suit la route d'Arbonne à dr.

8 k. 5. A g., entrée du **château des Grandes-Vallées** (on peut demander à voir le parc; superbes rochers). — A dr., chemin de la dérivation de la Vanne. — Avant d'entrer à Arbonne, on rejoint (à dr.) la route d'Achères.

10 k. 5. *Arbonne* (à l'*église*, du XIIIᵉ s., remaniée au XVᵉ, fragments de vitraux du XVᵉ s. et beau Christ en ivoire).

[A 1 k. 5 S. (suivre la route d'Achères jusqu'au *pavillon du Bois-Rond,* et là, prendre à dr. ou à l'O.), *chapelle de N.-D. des Champs,* ex-voto édifié au sommet du *rocher de Corne-Biche.* De ce rocher, on aperçoit au S., à dr. de la route d'Achères, la butte si curieuse des *Sables Blancs* ou des *Sablons,* dont les sables, sans cesse soulevés et remaniés par le vent, prennent des dispositions analogues à celles de la neige des glaciers.]

D'Arbonne, on gagne Fontainebleau par la belle route qui traverse la forêt de l'O. à l'E. (route de Milly), et aboutit au carrefour de la Fourche. 20 k. 5. Fontainebleau.]

C. — LA FORÊT

La forêt domaniale de Fontainebleau (16,880 hect.; pourtour, 90 k.) n'a pas moins de 2,000 k. de routes et de sentiers. 1,616 hect. sont consacrés aux réserves artistiques, aux faisanderies et aux promenades. Les rochers y occupent 4,000 hect. : ils forment de longues chaînes ou collines qui s'élèvent parfois, ainsi que les plateaux ou *platières,* jusqu'à 100 m. au-dessus du niveau de la Seine, et marchent parallèlement entre elles, presque en ligne droite, de l'E. à l'O. Si l'on traverse la forêt du S. au N., on a huit ou dix de ces chaînes à franchir; quelquefois elles se rapprochent l'une de l'autre, et forment alors des gorges étroites et allongées. Le sable et le grès de ces collines constituent une assise très puissante, atteignant, mais rarement à la vérité, jusqu'à 35 m. On remarque souvent, à la partie supérieure, des bancs de 6 à 7 m. d'épaisseur, traversés très irrégulièrement de nombreuses fissures, d'un grès généralement dur, et d'un grain si fin qu'il prend parfois l'aspect lustré : ce sont les plateaux élevés de la forêt. Leur surface ondulée n'est recouverte, dans de certains endroits, que d'un peu de terre végétale aride et improductive. C'est ce banc qui est exploité de préférence pour le pavage. Au-dessous, on trouve une masse considérable de sable, quelquefois d'un blanc éclatant, plus ordinairement coupé de lits nombreux d'un sable jaune ou rougi par l'hydrate de fer.

Ce sable et le grès qui le recouvre ont évidemment une origine commune, et ne diffèrent entre eux que par l'état solide ou mobile de leurs parties constituantes. Le phénomène qui a le plus attiré l'attention des curieux est celui des *cristaux de grès*, ayant les formes polyédriques du carbonate de chaux. En 1891, M. Colinet, continuateur de Denecourt, a mis à jour, proche Belle-Croix, une magnifique grotte présentant de superbes cristaux.

Dans son ensemble, la forêt de Fontainebleau présente une ligne de faîte qui passerait à peu près par les carrefours des *Grands-Feuillards*, de *Franchard*, du *Grand-Veneur*, de *Belle-Croix* et de la *Table du Grand-Maître*.

Les huit ou dix **chaînes** qui traversent **la forêt** semblent être des lambeaux d'une ancienne assise de sable et de grès qui s'étendait sur toute la contrée, et qui aurait été en grande partie détruite par des cataclysmes. Les vallées qui les séparent auraient été formées par érosion et creusées par des courants sous-marins d'une grande puissance. Les roches horizontales formant le plateau d'une colline se continuent au même niveau sur le plateau des collines voisines ; et, aux bords de chaque plateau, les immenses tables de grès, privées d'appui par l'entraînement dans les parties basses des sables sur lesquels elles reposaient, se sont brisées, affaissées par leur poids, et leurs débris ont produit, en glissant sur les flancs des collines et en s'entassant les uns sur les autres, ce chaos sauvage et pittoresque qui donne à la forêt de Fontainebleau un caractère si particulier.

Les **essences principales** de la forêt sont le chêne, le hêtre, le charme, le pin et le bouleau ; le chêne, qui est l'arbre le plus commun, atteint dans certains endroits une hauteur considérable ; on en rencontre qui ont jusqu'à 7 m. de circonférence. Quelques-uns de ces vieux arbres ont acquis une grande célébrité.

Les arbres les plus remarquables par leurs dimensions et leur ancienneté sont : le *Jupiter*, le *Superbe*, le *Charlemagne* et le *chêne des Fées*.

Les plus vieilles futaies sont, dans le voisinage de la route de Fontainebleau à **Paris**, celles du *Bas-Bréau*, à l'entrée de la forêt du côté de Chailly, du *Gros-Fouteau*, de la *Tillaie*, etc. Enfin, dans quelques cantons. on voit beaucoup de houx et de genévriers âgés de plusieurs siècles.

L'étendue des repeuplements en bois résineux est aujourd'hui de 4,000 hect.

La forêt est exploitée partie en taillis, que l'on coupe tous les 30 ans, partie en futaie à la révolution de 120 ans. Le produit estimatif *moyen* de la forêt de Fontainebleau est évalué entre 350,000 et 400,000 fr.

Le nombre des cerfs, des biches, des chevreuils existant en forêt est d'env. 250. Il n'y a presque plus de lièvres ni de lapins.

Aucun cours d'eau ne coule à l'intérieur du massif ; on n'y trouve que des mares sans importance.

Direction. — Pour faciliter au promeneur la petite étude préparatoire à laquelle il doit se livrer avant d'entreprendre ses courses en forêt, et afin de lui permettre de choisir avec connaissance de cause la région qui lui paraît le plus digne d'intérêt, nous avons divisé la forêt en sept régions (*V.* le *Plan de direction*, p. 37) en indiquant les principaux points à visiter (les lettres grasses désignent les sites les plus remarquables).

1ᵉ RÉGION (N.-N.-E.), entre la route nationale de Melun à l'O. et la Seine à l'E. : *Observatoire de Samois*, **tour Denecourt**, *bocages de la vallée Troubetzkoï, belvédère de la fontaine Dorly, belvédère de la Ravine, roche Éponge*, etc. ; — 2ᵉ RÉGION (N.-N.-O.), entre la route de Melun à l'E. et la route de Paris à l'O. (riche en sites pittoresques, elle est une des plus visitées) : *Mont Pierreux, mont Ussy* (sur les flancs S. duquel, de la *croix d'Augas* au N.d de l'Aigle, sont accumulées les beautés naturelles),

Gros-Fouteau, *grand mont Chauvet*, **vallée de la Solle**, *rocher Saint-Germain*, *monts de Fays* (entourés, sur un périmètre de 11 k., de vallons rocheux et de pentes ombreuses), *mare aux Evées* ; — 3ᵉ RÉGION (O.-N.-O.), entre la route de Paris, qui va à Chailly, et celle de Milly, qui dessert Macherin et Arbonne (là se trouvent les parties les plus accidentées peut-être de la

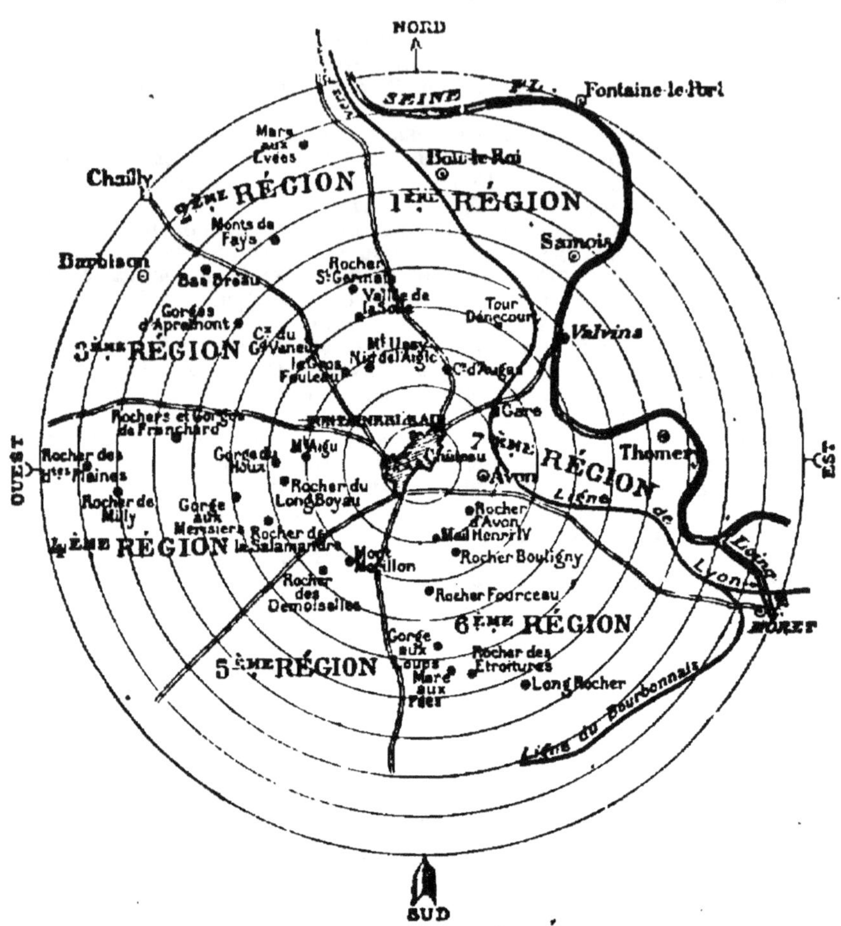

PLAN DE DIRECTION DANS LA FORÊT DE FONTAINEBLEAU

N. B. — Le point central étant le château, les cercles sont espacés de 1 kilomètre.

forêt et les futaies les plus splendides) : *Croix du Grand-Veneur*, **gorges d'Apremont**, **futaies du Bas-Bréau**, voisines de *Barbison* (sur les pentes des monts de Fays, qui bordent au N. la route de Paris, et dans le Bas-Bréau, se trouvent la plus grande partie des réserves artistiques) ; — 4ᵉ RÉGION (O.-S.-O.), comprise entre la route de Milly à l'O. et la route d'Orléans au S.-O. : *Parquet des Chasses à tir, mont Aigu, gorges du Houx, rocher du*

Long-Boyau, **rochers et gorges de Franchard**, *rochers de la Salamandre, gorge aux Merisiers, rochers des Hautes-Plaines, rochers de Milly;* — 5ᵉ RÉGION (S.), entre la route d'Orléans à l'O. et celle de Nemours à l'E., qui vont se rejoindre au *carrefour de l'Obélisque : Mont Morillon, rocher des Demoiselles,* etc.; — 6ᵉ RÉGION (S.-E.), entre la route de Nemours et celle de Moret : *Rocher d'Avon, mail Henri IV, rocher Bouligny, rocher Fourceau,* **gorge aux Loups,** *mare aux Fées, rocher des Etroitures,* **Long-Rocher, restant du Long-Rocher,** etc.; — 7ᵉ RÉGION (E.), entre la route de Moret et la Seine : rien de particulier.

Recommandations expresses. — Ne pas faire de feu, ne pas jeter d'allumette ni de tabac enflammés dans la forêt. Une imprudence de fumeur peut causer, surtout dans les périodes de sécheresse, d'irréparables désastres ; elle est, de plus, dangereuse pour l'imprudent lui-même qui peut se trouver en peu d'instants environné par les flammes, qui se communiquent au sous-bois avec une rapidité effrayante. — Bien que le nombre des vipères ait diminué, il est prudent, pour les courses à pied en dehors des routes, de porter des guêtres jusqu'au genou et de se munir de permanganate. — Les promeneurs qui, voulant explorer la forêt en détail, ne trouveraient pas notre carte suffisante, pourront acheter la carte Denecourt, en vente, collée sur toile et pliée, au prix de 2 fr. 50, à la librairie Hachette. — Une boussole est aussi très utile.

Restaurants et buvettes. — On peut déjeuner ou dîner, dans la forêt, au *restaurant de Franchard* (à la carte; assez cher) et, sur la lisière du massif, aux hôtels de *Barbizon,* de *Bois-le-Roi,* de *Marlotte,* de *Bourron* et du *Bas-Samois* (*V. B,* 1ᵉ, 3ᵉ, 6ᵉ, 7ᵉ et 4ᵉ, et l'*Index*), ainsi qu'aux restaurants (matelotes et fritures) des *Plâtreries* (*V. B,* 4ᵉ) et du *Pont-de-Valvins* (*V. B,* 4ᵉ), au bord de la Seine. — On trouve des rafraîchissements, en forêt, à la *roche Eponge,* à la *tour Denecourt,* à la *fontaine Sanguinède,* au *mont Chauvet,* à la *caverne des Brigands,* au *Pharamond,* à la *grotte aux Cristaux,* à la *mare aux Fées* et au *Jupiter.*

Signes indicateurs dans la forêt. — *Rectangles rouges.* — De petits rectangles rouges, placés sur les arbres ou les poteaux, dans les carrefours ou aux croisements de chemins, font face à la direction de Fontainebleau.

Poteaux. — De nombreux poteaux portent plusieurs indications : 1ᵉ en tête, le nom du carrefour ou du chemin; — 2ᵉ celui du canton de la forêt; — 3ᵉ les noms, la direction et la distance des points (routes, carrefours), à dr. et à g. ; le rectangle de la bande rouge indique la direction de Fontainebleau et sa distance en kilomètres.

Marques bleues et rouges. — Ces marques sont spéciales aux tracés de promenades conçues et exécutées par Denecourt et son continuateur, M. Colinet. Elles deviennent pour les touristes un guide attentif et point importun, toujours présent aux endroits où ils pourraient être incertains sur la direction à suivre ; elles leur permettent d'accomplir seuls et avec sécurité des excursions étendues à travers les plus beaux sites de la forêt. — Les lettres, numéros et étoiles désignent les particularités intéressantes. — Des croix bleues ou rouges indiquent les bifurcations de sentiers.

Historique. — Au moyen âge, la forêt était appelée *forêt de Bière,* nom faussement dérivé d'un chef danois, *Biœrn Côte-de-Fer,* qui, après avoir dévasté la Normandie et l'Ile-de-France, vint, en 835, planter ses tentes dans la contrée située entre la lisière du bois et Melun, et y exerça des cruautés inouïes. A l'époque où la forêt fut érigée en domaine royal, elle était plus resserrée dans ses limites qu'aujourd'hui; François Iᵉʳ l'augmenta beaucoup, soit par des acquisitions de terrain, soit par des confiscations opérées sur des particuliers et des notables. Les noms de plusieurs cantons, tels que ceux du *bois Gautier,* de *Macherin,* des *Ventes*

Bouchard, Chapellier, Girard, etc., en sont la preuve. Les noms d'autres cantons montrent aussi qu'ils furent autrefois habités : l'*Etoile des Petites-Maisons*, le *carrefour du Puits Fondu*, les *Écuries Royales*.

La forêt a eu sa légende du Chasseur Noir, son Robin des Bois, sous le titre du *Grand Veneur*. Henri IV, selon les historiens du temps, entendit un jour des bruits de cor et d'aboiements de chiens, d'abord éloignés, puis tout à coup rapprochés de lui, et un grand homme noir et fort hideux leva la tête et dit : *M'entendez-vous ?* ou *Qu'attendez-vous ?* ou, selon d'autres : *Amendez-vous*, et il disparut. En 1646 eut lieu, dans la forêt de Fontainebleau, une autre aventure assez peu connue. Mazarin, attaqué par un sanglier, mit bravement l'épée à la main et tua l'animal.

A l'histoire de la forêt de Fontainebleau sont intimement liés les noms de Denecourt et de son successeur, M. Colinet, aux recherches et aux travaux desquels nous devons de pouvoir admirer une foule de sites, de futaies et de beaux arbres qui, sans eux, fussent restés inconnus.

Amant passionné de la forêt, « le Sylvain » (tel est le surnom donné à Denecourt) a consacré sa vie et sa fortune à l'étudier dans toutes ses parties, puis à en décrire les beautés, les richesses inconnues avant lui, à en faciliter enfin l'exploration en y traçant des signes indicateurs qui dirigent le touriste vers les points les plus dignes de sa visite. Depuis 1844 jusqu'à sa mort (24 mars 1875), il créa, avec une ardeur qui ne se ralentit pas, de nouvelles promenades.

Tant de dévouement et d'abnégation devaient trouver leur récompense. Denecourt reçut, en juin 1870, une grande médaille en argent, œuvre de Carrier-Belleuse, au nom des artistes et des touristes reconnaissants ; et, à sa mort, une souscription publique permit de lui élever au cimetière de Fontainebleau un modeste monument orné d'un médaillon, œuvre et don d'un éminent sculpteur, Adam Salomon, enfant de Fontainebleau. Une des places et une rue de la ville, une tour et une route gardent le nom du Sylvain.

L'œuvre de Denecourt ne devait heureusement pas périr avec lui. M. Colinet, conducteur principal retraité des ponts et chaussées, qui, dès 1865, s'associait aux travaux du Sylvain, s'occupe de la forêt avec le même zèle et la même abnégation que son maître et initiateur. A sa mort, en 1875, Denecourt avait ouvert 160 **k.** de sentiers en 30 ans ; depuis M. Colinet en a ouvert plus de 100, sans compter les nombreux perfectionnements qu'il a apportés à l'œuvre commencée par Denecourt.

M. Colinet, possesseur des œuvres de Denecourt, a continué la publication de son *Indicateur du palais, de la forêt et des environs de Fontainebleau* (2 fr. 50 et 3 fr.), parvenu actuellement à la 30ᵉ édition. Il publie également une carte de la forêt (1 fr. 50, 1 fr. 75 et 3 fr.) et un plan de la ville de Fontainebleau (1 f. 50).

Itinéraires.

Nous nous bornons à donner ci-après quelques itinéraires modèles de promenades à pied et en voiture. Les courses en voit. elles-mêmes comportent presque toujours de petits trajets pédestres, pour voir des curiosités en dehors des chemins carrossables ; les cochers connaissent assez la forêt pour les indiquer aux touristes. — Il vaut mieux s'adresser directement à un loueur qu'aux cochers stationnant à la gare ou à la place Denecourt, et il faut avoir soin de faire prix et de stipuler l'itinéraire adopté d'une manière bien précise (*V. A, Comment il faut visiter Fontainebleau et la forêt*, les itinéraires spéciaux pour les personnes qui ne passent qu'un ou deux jours à Fontainebleau). — Plusieurs agences de voyages organisent, dans la belle saison, des excurs. qui comprennent la visite du château et d'une partie de la forêt (ces agences envoient leurs programmes sur demande à laquelle est joint un timbre); ce sont : — l'*Agence Cook* (1, place de l'Opéra; tous les jeudis et samedis; prix, £ 1.3 s. ou 29 fr., comprenant le transport en voiture de la place de l'Opéra à la gare de Lyon et *vice versa*, le trajet en chemin de fer en 1re cl. de Paris à Fontainebleau et retour, le lunch à Fontainebleau et la promenade en voiture dans la forêt); — les *Voyages universels* (17, faubourg Montmartre, et 10, rue Auber; une fo.s par mois, de mai à septembre; prix, 18 fr. en 1re cl., 16 fr. en 2e cl. et 15 fr. en 3e cl., comprenant l'aller et retour en chemin de fer, le déjeuner et le dîner à Fontainebleau et la promenade en voiture dans la forêt); — les *Indicateurs Duchemin* (20, rue de Grammont; tous les dimanches, l'été; prix, 22 fr. en 1re cl. et 19 fr. en 2e cl., comprenant l'aller et retour en chemin de fer, le déjeuner et le dîner à Fontainebleau, mais non la promenade en forêt, facultative, dans des breaks spéciaux, moyennant 3 fr. de supplément). — La plupart des agences parisiennes organisent du reste périodiquement, au cours de l'été, des excursions à Fontainebleau, qui sont annoncées dans les journaux.

PROMENADES A PIED

1° Le Calvaire, le Belvédère de Nemorosa, la roche Eponge, la tour Denecourt (13 k. 2; 4 h. de marche, aller et ret., 6 h. si l'on revient par le rocher Saint-Germain; on peut se rendre directement en 45 min. de la ville à la Tour Denecourt par la rue Grande et la route de Melun, que l'on quitte au carrefour de la Croix-d'Augas, pour prendre à dr. la route de Fontaine-le-Port et du Châtelet-en-Brie, puis bientôt, à dr. de celle-ci, la route de la vallée de la Solle jusqu'au carrefour du Fort-l'Empereur, d'où l'on monte au N. à la Tour Denecourt; on peut descendre en 20 à 25 min. à la gare, sans repasser par la ville). — On part, soit du pont de la route qui croise la voie ferrée au N. de la gare de Fontainebleau, en prenant à dr. la route forestière du point de vue de Nemorosa, soit de la ville, par la rue Grande et sa continuation, la route de Melun. — 1 k. 5 (15 min.). A g., *chapelle N.-D. de Bon-Secours*, édifiée en 1690, en souvenir d'un vœu et de la délivrance de M. d'Aubernon, gentilhomme du prince de Condé (1661), rebâtie sous la Restauration, et réparée depuis. — On prend, à g. de la chapelle, le sentier passant devant la *grotte de la Ravine*, d'où l'on monte sur un plateau couvert de bruyères, et où l'on rencontre, en suivant les crêtes, le *belvédère de la Ravine* (140 m. d'alt.; belle vue). On traverse ensuite la route du Calvaire. — 40 min. A 200 m. à dr. de cette route, le *Calvaire*. — La route, continuant en face vers l'E., traverse l'esplanade de la Reine Marie-Amélie, où l'on remarque, à g., sur un rocher, la **Nemorosa**, figure en fonte bronzée, placée sur une paroi verticale et sculptée par Adam Salomon. Au-dessus s'élève le *belvédère de Nemorosa*. Au N. on peut distinguer à l'horizon, sur la cime boisée d'une colline, le massif carré de la Tour Denecourt. — Au lieu de revenir sur ses pas par la même route, on prend à dr., au pied du belvédère, un sentier tracé sur le versant E. de la colline et dominant ce qu'on a appelé la *Petite-Kabylie*. On en suit les détours le long des crêtes.

2 k. 7. **Roche Eponge** (buvette), ainsi nommée des anfractuosités profondes, qui lui donnent une forme fantastique. — A quelques pas, sur la dr., *médaillon de la Grotte Colinet*, hommage des artistes, des poètes et des touristes au deuxième Sylvain, inauguré le 27 mai 1900. — On prend un sentier qui

Dolmen d'Adolphe Joanne.

passe à la *fontaine Isabelle*, créée en 1866 par Denecourt, puis à la *fontaine du Touring-Club*, et qui s'élève vers le N., parallèlement à la route du Calvaire (à 250 m. à g.), par le *rocher Cassepot*.

4 k. 7 (1 k. 15). **Tour Denecourt** (buvette), élevée par Denecourt en 1851 et réédifiée en 1878 par M. Colinet, qui y a fait placer le médaillon du premier Sylvain. 47 degrés conduisent au sommet, d'où l'on découvre un vaste horizon (au S., à 100 m., beau *dolmen d'Adolphe Joanne*; au N.-E., à env. 2 k., *observatoire du rocher de Samois*, élevé hors la forêt).

De la tour Denecourt on peut : soit rentrer en ville par le chemin que l'on a suivi à l'aller, soit descendre dans la vallée de la Solle. Au premier carrefour, après avoir coupé la route de Fontaine-le-Port, on prendra, à dr., le nouveau sentier Colinet, qui permettra d'admirer les splendides points de vue du Cassepot, particulièrement le *belvédère Carnot*, le *belvédère des Trois-Frères*, etc. On descendra ensuite sur la route de Melun à l'entrée du champ de courses et de manœuvres, dominé au N. par le *rocher Saint-Germain*. Ce rocher se continue vers l'O., sur une longueur d'env. 1,200 m., et aboutit à Belle-Croix.

9 k. 2. Carrefour de Belle-Croix (138 m.). — La route Ronde aboutit à la route de Paris, qui ramène à Fontainebleau.

13 k. 2 (4 h.). Fontainebleau.

[On peut aussi se rendre, à 150 m. N. du carrefour de Belle-Croix, à la *grotte aux Cristaux* (buvette), découverte en 1891 par M. Colinet, et rentrer à Fontainebleau par le grand mont Chauvet et le Nid de l'Aigle (*V.* 2°). — Si l'on visite les curiosités du rocher Saint-Germain (*V.* ci-dessus; *grotte de Robert-le-Diable, défilé des Cinq Caveaux, chêne et rocher du roi Robert, val de Guillaume Tell,* et, à 200 m. N. de ce val, *belvédère du Haut Saint-Germain* ou *de Jeanne d'Arc*), il faut compter 2 h. en plus.]

2° Mont Ussy, Nid de l'Aigle, Gros-Fouteau, mont Chauvet, vallée de la Solle, champ de courses, mont Pierreux (13 k. 7; 4 h. à pied). — Jusqu'à (1 k. 5) la chapelle de N.-D. de Bon-Secours, *V.* 1°. — On continue 500 m. au delà, sur la même route. — **2 k. 3. Croix d'Augas** (à 100 m. à dr., *caverne d'Augas*), où l'on prend à g. les sentiers Denecourt qui serpentent sur les pentes S. du **mont Ussy**, et passent auprès du *chaos de la grotte Maléna*, du *belvédère de La Vallière* (J), premier point de vue du mont Ussy, et de la *grotte de Maria Brunetti*, d'où descend un sentier ramenant à Fontainebleau. On s'engage ensuite dans un amphithéâtre de rochers entassés, formant le *chaos de Victor Hugo*, d'où un défilé d'aspect sauvage conduit au *passage du Déluge* (F). En suivant le sentier qui descend la pente de la colline, on passe au *chaos du Tasse*, au *belvédère de Montespan*, un des beaux points de vue du Mont Ussy, puis au *chêne* et au *chaos des Fées*. Continuant à descendre, on croise la *route du Nid de l'Aigle* et l'on rencontre le **Charlemagne**, un des plus vieux chênes de la forêt, dont une branche maîtresse est retenue par une barre de fer. En se dirigeant alors à g., vers le S., on passe auprès du **bouquet du Nid de l'Aigle**, la cépée la plus remarquable peut-être de la forêt, car elle se compose de dix arbres s'élançant d'une même souche. — On remonte vers l'O. jusqu'au (600 m. env. du Nid de l'Aigle) *carrefour du Gros-Hêtre*, puis on se dirige sur la g., vers le S.-O.

4 k. 7. Belle futaie du Gros-Fouteau (beaux chênes disséminés parmi des hêtres).

[On peut, du Gros-Fouteau, revenir, par le *carrefour du Gros-Fouteau* et le *carrefour Louis-Philippe*, en traversant le **mont Pierreux**, à (2 k. 5) Fontainebleau.]

Revenant au carrefour du Gros-Hêtre (*V.* ci-dessus), on monte vers le N.-O., à dr., en laissant à g. le *rocher des Deux-Sœurs* (vieille célébrité de la forêt. pour laquelle les touristes et surtout les cochers qui les conduisent conservent un culte assidu), et l'on atteint la *fontaine du mont Chauvet* (rafraîchissements; beau point de vue). Cet endroit est, avec la *fontaine Sanguinède* (rafraîchissements), située à 600 m. O., le principal rendez-vous de la **vallée de la Solle.** Une curiosité de ce site est une énorme roche, posée en équilibre, et à laquelle on peut imprimer un léger mouvement. En 1862, un *champ de courses* d'un périmètre de 2,400 m. a été créé dans la vallée de la Solle.

[Pour se rendre directement de la gare au (5 k. N.-O.; route de voit.) champ de courses, on suit l'avenue de Fontainebleau et, à 700 m. du ch. de fer, on prend, à dr., un chemin qui va rejoindre la route de Melun à la chapelle de Notre Dame de Bon Secours. Là on suit cette route, à dr., jusqu'à la vallée de la Solle.]

A 500 m. env. au N. de la fontaine du mont Chauvet se trouvent le *bocage* et le *bouquet de la Solle.*

Du bouquet de la Solle on se rend au (1 k. N.) rocher de Saint-Germain (*V.* 1°), soit en traversant le champ de courses qu'il domine, soit en longeant, à g., les hauteurs de la Solle, à l'O. desquelles se dressent les *monts Saints-Pères.*

9 k. 2. Extrémité E. du rocher Saint-Germain et *belvédère du Bas-Saint-Germain.* — On revient de là à Fontainebleau par la route de Melun.

13 k. 7. Fontainebleau.

3° La Tillaie, gorges d'Apremont, le Désert, le Bas-Bréau, Barbizon (18 k. 5; 6 h. à pied; on pourrait, pour abréger la course, se faire conduire en voit. au carrefour de l'Epine, par la route de Paris, en 45 min., prendre à g. le premier chemin qui pénètre dans la futaie du Bas-Bréau et qui bientôt se bifurque; à la bifurcation, il faut prendre à g. pour rejoindre, à travers des charmilles et des houx, l'itinéraire ci-dessous au Nid-d'Amour). — Sortant de Fontainebleau par le *carrefour de la Fourche* (derrière la sous-préfecture), on suit la route de Milly. — 900 m. On prend, à dr., la *route du Château,* qui croise bientôt la *route de la Tête-à-l'Ane,* puis celle du mont Fessas, et, là, on suit à dr. le sentier Denecourt, qui va passer à g. de la *roche Mertens.* On laisse à g. la *Fosse à Rateau,* puis, après avoir croisé plusieurs chemins, on passe au N. du *carrefour du Bouquet du Roi.* Le sentier se prolonge ensuite au travers de la *Vente des Charmes* et au S. de la belle futaie de la *Tillaie,* où l'on admire le *Pharamond,* un des plus beaux chênes de la forêt et celui de tous dont le grand âge s'accuse de la manière la plus saisissante.

Au delà du Pharamond le sentier tourne vers le N. et va croiser la *route Ronde,* au S. de la *Croix du Grand Veneur* (135 m.;

4 k. de Fontainebleau), pour longer ensuite, au S., le *chemin de Clair-Bois* et passer au *Rendez-vous des Druides*. La lettre K

Le Pharamond (chêne).

indique bientôt la *Descente d'Orphée*, qui mène au fond d'une petite gorge.

5 k. Entrée du **Désert** et des **gorges d'Apremont** (L). Arrivé

Rochers d'Apremont.

au *carrefour du Désert*, on le traverse, et, continuant à suivre le sentier dans la direction du N.-O., on croise un chemin près du *Cerbère du Désert*. Le sentier se prolonge à travers les bois de pins et s'élève parmi les rochers, où la lettre P indique l'entrée du *val des Mohicans*. On visite successivement : la *vallée* encaissée *des Mousquetaires*, le *belvédère du Titien* (A), d'où l'on domine la remarquable futaie du **Bas-Bréau**. Le sentier laisse ensuite à dr. la *caverne des Brigands* (rafraîchissements). A g., au bord du plateau, belle vue sur les gorges d'Apremont.

8 k. *Carrefour du Bas-Bréau.* — On va visiter, à 250 m. au N., le *Nid-d'Amour* (chênes et hêtres magnifiques). — 8 k. 9. *Bouquet du Bas-Bréau.* — Le sentier revient vers le S., à l'O. du carrefour du Bas-Bréau, et aboutit à la route de Barbizon. — 9 k. 3. Route de Barbizon, que l'on suit à dr.

10 k. 5. Barbizon (*V. B*, 1°). — Pour revenir de Barbizon à Fontainebleau, on sortira par l'entrée qui fait face à la forêt, et, au lieu de suivre une des routes qui s'ouvrent à g., on prendra, en face, un sentier sinueux qui s'élève entre les amoncellements d'énormes rochers. Passant auprès du monument de Rousseau et de Millet (*V. B*, 1°), on descend dans le vallon d'Apremont, puis on s'engage dans le sentier qui laisse à g. le *belvédère du vallon d'Apremont*. A la jonction de la *route de Sully*, on remarquera de beaux arbres, particulièrement le *Sully*. On suit la *Longue-Gorge.*

14 k. 5. *Carrefour des Néfliers*, au delà duquel le sentier longe à g. la *route du Bouquet du Roi*, et, après avoir laissé à g. les magnifiques cépées de la futaie du *Puits-au-Géant*, traverse le *carrefour des Cépées*. Là, en se dirigeant au S.-E., on rencontre le *Jupiter*, on traverse ensuite la *fosse à Rateau* et l'on rentre à Fontainebleau par la voie suivie au départ.

18 k. 5. Fontainebleau.

[On peut encore revenir de Barbizon à Fontainebleau en allant au carrefour de l'Epine et en prenant le sentier Colinet, de création récente, qui sillonne tout le rocher Cuvier-Châtillon, pour gagner Belle-Croix. On visite, dans le Cuvier-Châtillon, le *rocher de Roland*, la *galerie* et le *rempart du Cuvier-Châtillon*, la *Caverne aux Sorcières*, la *gorge aux Biches*. On rentre à Fontainebleau par la fontaine Sanguinède et la futaie du Gros-Fouteau (*V. 2*ᵐ).]

4° **Mont Fessas, mont Aigu, gorges du Houx, rochers et gorges de Franchard, gorge aux Merisiers, rochers du Long-Boyau et de la Salamandre** (15 k.; 5 h. à pied; on peut aller directement, en 1 h. 5, à Franchard, par le carrefour de la Fourche et la route de Milly, sur laquelle on prend, à g., si l'on est à pied, la route du Cèdre, qui mène à la Croix de Franchard, près du restaurant, et, si l'on est en voit., aussi à g., mais plus loin, la route Ronde, qui mène à la Croix de Franchard, ou, un peu plus loin encore, la route Saint-Feuillet). — On sort de Fontaine-

bleau par le carrefour de la Fourche et la route de Milly. —
850 m. On prend à g. un sentier qui gravit le *mont Fessas*, d'où
l'on descend, au S., sur le mont Aigu.

3 k. 4. **Mont Aigu.** — Au pied, *grotte du Serment* (une des dernières créations de Denecourt, qui vient d'être restaurée par
M. Colinet), d'où l'on sort par un escalier de 16 marches, et
l'on gravit la hauteur par un chemin se terminant en spirale (de
ce sommet, vue magnifique sur Fontainebleau et la forêt). En

Gorges de Franchard. — La Roche qui pleure.

descendant vers l'O., on rencontre, à 500 ou 600 m. du sommet
du mont Aigu, un carrefour d'où part, à g., un sentier qui descend dans la *gorge du Houx*, en laissant à g. la *grotte du Chas-
seur-Noir*. Avant de sortir de la gorge, un peu avant le carrefour du Houx, on rencontre la *grotte du Parjure*, d'où, en suivant un sentier qui tourne brusquement à g., on monte au point
de vue dominant la gorge du Houx. Arrivé au *carrefour du
Houx*, on se dirige au S.-O., vers le *carrefour des gorges de
Franchard*, environné de 12 chemins, dont deux, qui vont au
N.-O., conduisent en 4 min. à l'entrée des gorges, précédée par
les *mares aux Pigeons*.

Les gorges de Franchard (restaurant à l'E., près du *carrefour
de l'Ermitage*, à 400 m. au N. des mares aux Pigeons) rivalisent

en aspects sauvages avec les gorges d'Apremont. C'est le point de la forêt le plus visité par les touristes (prendre un guide, il y en a toujours près du restaurant, dans la saison d'été, et se faire conduire tout au moins au grand point de vue).

On visitera dans les gorges de Franchard, en les traversant de l'E. à l'O. dans toute leur longueur, qui est d'env. 1,800 m., d'abord le *belvédère de Marie-Thérèse*, et, un peu au S., et à 200 m. env. à l'O. des mares aux Pigeons, le grand point de vue.

7 k. 4. Grand point de vue des gorges de Franchard. — En suivant les sentiers Denecourt, tracés à une faible distance au N. et au S. de la *route Amédée*, qui traverse les gorges, on rencontre le *tunnel* et le *belvédère des Druides*. Passant de l'autre côté de la route Amédée, au N., on revient, par le *chemin de l'Ermitage*, au (9 k.) *restaurant de Franchard*, en passant devant les *ruines de l'abbaye de Franchard*.

Il existait jadis en ce lieu un antique ermitage, que Philippe Auguste donna, en 1197, à des religieux d'Orléans, à la demande de l'ermite Guillaume, qui était venu s'y établir. Quelques moines se réunirent plus tard au P. Guillaume, qui devint leur prieur. Le monastère, érigé en abbaye, fut ruiné pendant les guerres du xive s. Il se transforma plus tard en un repaire de brigands, et, en 1712, Louis XIV en ordonna la destruction.

On peut revenir à Fontainebleau par la *route Saint-Feuillet*, que prolonge, au delà de la route de Milly, un sentier Denecourt qui traverse, à l'E., la Vente des Charmes, puis la Fosse à Rateau, et aboutit au carrefour de la Fourche.

15 k. Fontainebleau.

[Du restaurant (carrefour de l'Ermitage), on peut encore prendre la route au S. qui mène au (600 m.) carrefour des gorges de Franchard; puis, au S.-E., au (600 m. du précédent) *carrefour du Chêne-Rouge*, situé aux abords de la *gorge aux Merisiers*. Ce carrefour touche, au N.-E., au *rocher du Long-Boyau*, lequel est séparé du *rocher de la Salamandre* (800 m. au S.) par le *champ de tir*, long de plus de 5 k. On suit le champ de tir, et l'on rentre à Fontainebleau par le carrefour de l'Obélisque.]

5° Mail Henri-IV, rocher Bouligny, rocher d'Avon, rocher des Demoiselles, gorge aux Loups, Long-Rocher (8 k. 5; 19 à 20 k. avec la gorge aux Loups, le Long Rocher et Marlotte; 3 à 4 h. à pied). — Partant du château par l'*avenue Maintenon*, on traverse la grande route de Moret, et l'on suit le prolongement de l'avenue jusqu'au pied de la colline qui la termine et que l'on aperçoit devant soi.

1 k. 6. Sommet du **mail Henri-IV** (138 m.; au milieu, cèdre planté en 1820), d'où l'on domine le *polygone*, qui aboutit au versant S. de la gorge aux Merisiers. — On descend directement au S.

1 k. 9. *Rocher Bouligny*, long de 2 k. — On croise un chemin qui aboutit, à dr., au *carrefour de La Vallière*, et bientôt l'on peut admirer l'aspect accidenté du site, ses belles roches, son

tapis de mousse verdoyant. Arrivé vers le sommet, on explorera d'abord la partie O., qui est la plus intéressante. On y remarquera la *caverne du Sycophante*, tout auprès, les bizarres rochers de la *Licorne* et du *Crapaud de Bouligny* (L), et, plus loin, la *grotte Decamps*. — Après avoir traversé un tunnel, on se trouve en face de la route sablonneuse par laquelle on est descendu du mail Henri-IV. On jouit de ce point d'une vue très étendue qui embrasse le mont Aigu, le rocher du Long-Boyau et les gorges du Houx. Continuant à suivre le plateau, on arrive, au bord du rocher, à l'*observatoire du point de vue du lac Vert*, ainsi nommé de l'immense étendue de forêt qui se déroule au regard.

3 k. 9. L'exploration du rocher Bouligny se termine à la *gorge aux Hiboux* et à la *grotte de Lucifer*.

[De ce point, on peut, par la route d'Estrées, se rendre au (1 k. N.) **rocher d'Avon**, qui forme une chaîne de 3 k. de longueur, où l'on visitera, à g., un peu avant d'atteindre la route de Moret, la *grotte de la Biche-Blanche*. — En longeant la chaîne au N., de l'O. à l'E., on rencontre ensuite l'*antre de Vulcain*, le *manoir d'Oberman*, et l'on s'arrête au *point de vue du mont Louis-Philippe*, d'où l'on peut, si l'on juge la promenade suffisante, regagner directement (2 h. de traj. total) Fontainebleau.]

De l'extrémité O. du rocher Bouligny, la *route de la Jeunesse* (prendre, au deuxième carrefour, le chemin à g., qui aboutit au *carrefour de la Beauté*) mène au rocher des Demoiselles.

5 k. 5. **Rocher des Demoiselles.** — On y visitera, en suivant, à dr., le sentier Colinet, les *roches du Vert-Galant* (L), la *grotte de Calypso* (M), la *mare aux Salamandres*, le *petit temple de Cythère* (O), la *grotte Bournet* (Q), le *grand point de vue des Demoiselles* (B), d'où le regard plane sur l'un des plus beaux panoramas de la forêt.

On descendra ensuite par la *descente des Quatre-Grottes*, qu'on rencontre successivement. Après avoir contourné la magnifique *roche du Roi d'Yvetot* et dépassé plusieurs autres belles roches, on atteint la **grotte des Demoiselles.**

On revient ensuite à (3 k.) Fontainebleau en croisant le *carrefour de Vénus* et en contournant, au N., l'ancien *champ de manœuvres*, longé par la route d'Orléans.

8 k. 5. Fontainebleau.

[De l'extrémité E. du rocher des Demoiselles, on pourra aussi regagner (11 à 12 k.) Fontainebleau par (2 k. S.-E.) la **gorge aux Loups**, site des plus pittoresques, et, en suivant la route d'Orléans, le (1,200 m. E.) **Long-Rocher**; puis on se rendra à la *croix de Saint-Hérem* (128 m. d'alt.), en prenant la route Ronde à g.]

PROMENADES EN VOITURE

1° **Croix du Grand-Veneur, point de vue de Chailly, Barbizon, Apremont, Franchard** (27 k. 9; 6 h.). — Sortant de Fontainebleau par le carrefour de la Fourche, on se dirige au N.-O., par la route de Paris, en longeant les belles futaies de la Tillaie. — 4 k. 4. *Carrefour du Grand-Veneur* (135 m. d'alt.), où l'on prend, à dr., la route Ronde, qui passe au carrefour de Belle-Croix. — 6 k. 5. *Carrefour de la Table du Grand-Maître.* — On suit, au S.-O., la *route de la Table*, qui, par le *carrefour Belle-Vue*, va passer au N. du *rocher Cuvier.*

9 k. 9. **Point de vue du camp de Chailly** (135 m.). — Descente à travers le Bas-Bréau.

12 k. 9. Barbizon (*V. B*, 1°). — On descend de voit. au carrefour du Bas-Bréau, pour visiter les gorges d'Apremont (*V. Promenades à pied*, 3°), et l'on reprend la voit. au *carrefour des Monts-Girard*, pour passer ensuite aux *carrefours des Trois-Frères* et du *Cul du Chaudron.*

19 k. 9. Gorges de Franchard (*V. Promenades à pied*, 4°). — Laissant à dr. le mont Aigu, on passe par les gorges du Houx.

27 k. 9. Fontainebleau.

2° **Nid de l'Aigle, mont Ussy, caverne d'Augas, mont Chauvet, vallée de la Solle, tour Denecourt, Calvaire, roche Eponge, médaillon et grotte Colinet, Nemorosa** (20 k.; 6 h.). — Sortant de Fontainebleau par le carrefour de la Fourche, on traverse le carrefour du Gros-Fouteau. — 3 k. Nid de l'Aigle (*V. Promenades à pied*, 2°). — 5 k. 5. Carrefour de la Croix d'Augas (même renvoi; voir la caverne, à dr., à 100 m. de la croix). — Revenant vers l'O., par la route de Melun et le mont Chauvet, on traverse la vallée de la Solle, puis on remonte, en longeant les hauteurs de la Solle.

10 k. *Carrefour de Belle-Croix* (descendre de voit. pour parcourir à pied le rocher Saint-Germain, *V. Promenades à pied*, 1°, et reprendre la voit. sur la route de Melun). — On traverse la plaine des Ecouettes, au N. du rocher Cassepot, et l'on monte.

15 k. Tour Denecourt (*V. Promenades à pied*, 1°). — De cette tour, descendant vers le S. par la *butte à Guay* et la route du Calvaire, on va à la roche Eponge, au médaillon Colinet et à Nemorosa (*V. Promenades à pied*, 1°).

20 k. Fontainebleau.

3° **Rocher Bouligny, rocher des Demoiselles, gorge aux Loups, mare aux Fées, Long-Rocher, Marlotte, rocher d'Avon** (21 k.; 6 h.). — On sort au S. par l'avenue Maintenon et l'on passe au mail Henri-IV. — 2 k. Rocher Bouligny (*V. Promenades à pied*, 5°; descendre de voit. et la reprendre à l'extrémité E.). — Repartant du *carrefour des Nymphes*, on descend au S.

5 k. **Carrefour de Marlotte**, où l'on prend, à dr., la route Ronde, pour atteindre (à g.) un sentier (descendre de voit. à ce sentier, pour visiter la gorge) tracé par Denecourt, et qui, s'ouvrant en face de la *route de la Chevrette*, conduit à la gorge aux Loups.

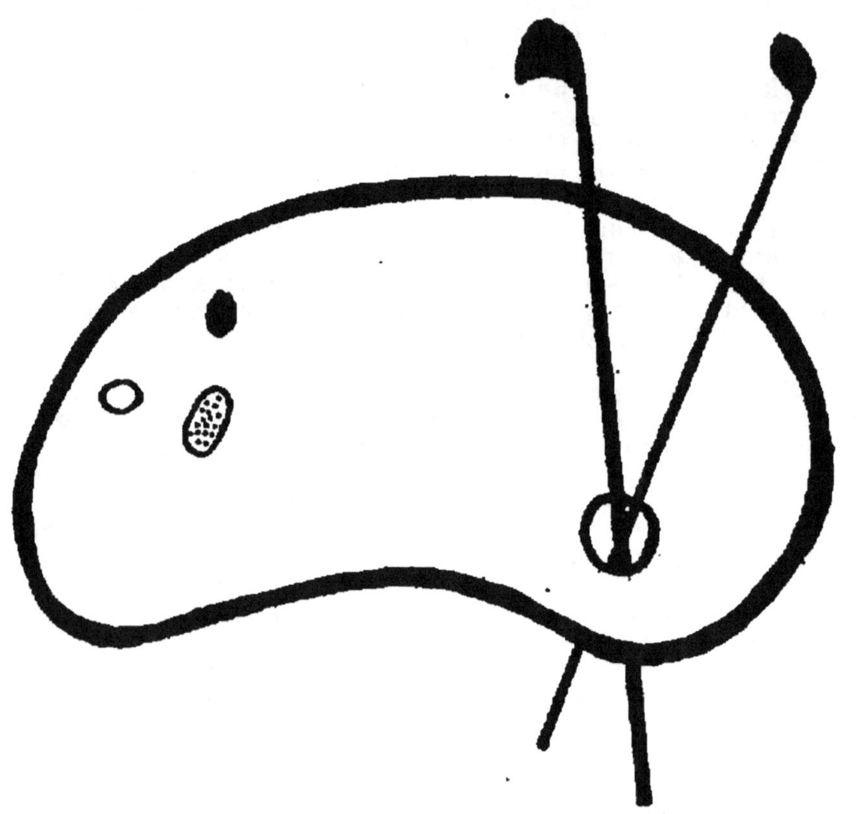

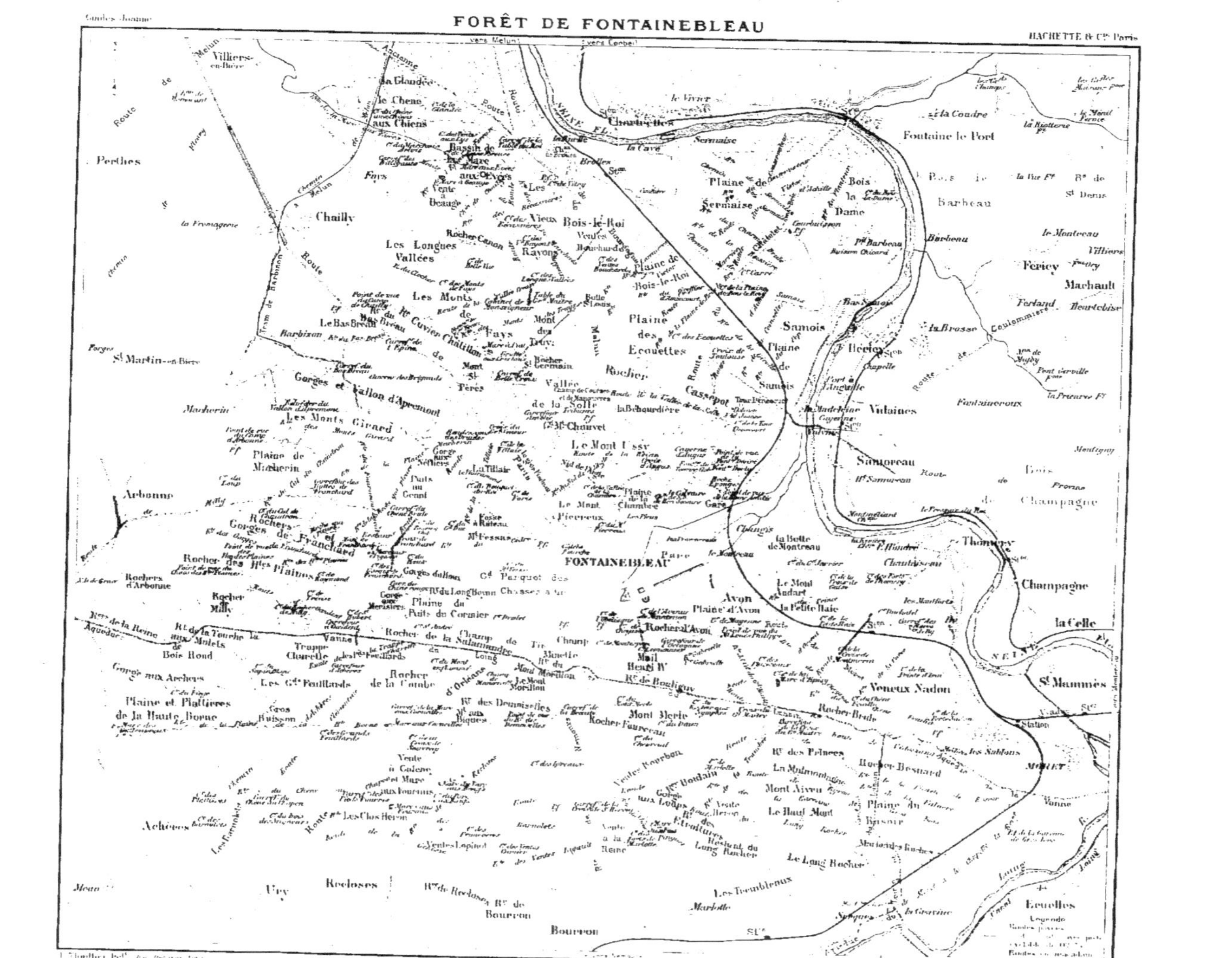

Gandes Joanne
FORÊT DE FONTAINEBLEAU
HACHETTE & Cie Paris
vers Melun
vers Corbeil
Villiers-en-Bière
la Glandée
le Chêne
aux Chiens
Bassin de la Mare aux Ovys
Les
Perthes
Fays
Chailly
la Fromagerie
Rocher Canon
Les Longues Vallées
Les Monts
Le Bas Breau
Barbizon
Hr Cuvier Chatillon
Fays
Forges St Martin-en-Bière
Gorges et Vallon d'Apremont
Les Monts Girard
Macherin
Plaine de Macherin
Arbonne
Rochers Gorges de Franchard
Rocher des Iles Plaines
Rochers d'Arbonne
Rocher Milly
Rr de la Reine aux Mulets
Aqueduc
Bois Rond
Trappe Chapelle
Vanne
Gorge aux Archers
Les Grds Feuillards
Rocher de la Combe
Plaine et Platières de la Haute Borne
Gros Buisson
Achères
Les Clos Heron
Ury
Recloses
Rr de Bourron
Bourron
vers Melun
Charmettes
la Cave
le Vivier
la Coudre
Fontaine le Port
Plaine de Sermaise
Bois la Dame
Barbeau
Pr Barbeau
Barbeau
le Monceau
Feriey
Machault
Ferland Heurtebise
Plaine de Bois-le-Roi
Rayons
Plaine de Bois-le-Roi
Vieux Bois-le-Roi
Mont des Fays
Plaine des Ecouettes
Samois
Bas Samois
Héricy
Rocher
Terès
Vallée de la Solle
Cassepot
Plaine de Samois
la Madeleine Vulaines
Fontainereux
la Priseurre Fr
Gr Mr Chauvet
Le Mont Ussy
Samoreau
Hr Samoreau
Pierreux
Le Mont Chambre
Plaine de la Chambre
Bois de Champagne
Province
FONTAINEBLEAU
Parc de Fontainebleau
Gr Parquet des Chasses à tir
Plaine du Puits du Cornier
Rocher de la Salamandre
Champ de Tir
Champ
Avon
Plaine d'Avon
la Belle de Montreau
la Petite Haie
Thomery
Chantoiseau
Champagne
la Celle
Rocher d'Avon
Mail Henri IV
Rr de Bouligny
Veneux Nadon
St Mammès
Rr des Demoiselles
Mont Merle
Rocher-Faurreau
Rocher-Bridy
les Sablons
Moret
Vente à Galere
Rr des Princes
La Malmontagne
Rocher-Bessard
Vente Bourbon
Mont Aiveu
Plaine du Palais
Les Clos Heron
aux Loups
Le Haut Mont
Le Long Rocher
Reslout du Long Rocher
Ecrouelles
Meun
Ury
Recloses
Rr de Recloses
Bourron
Les Tremblenux
Marlotte
la Genevraie
SEINE

8 k. Gorge aux Loups (*V. Promenades à pied*, 5°). — En suivant le sentier, on descend au *rocher Bébé*, puis on parcourt la *galerie de Rosa Bonheur*, au delà de laquelle se trouve la *mare aux Fées*, où l'on remontera en voit., pour se diriger vers le S.

9 k. Marlotte (*V. B*, 6°). — De Marlotte, on revient sur ses pas jusqu'au *rocher des Etroitures*. — 11 k. 6. On prend à dr. la route du Long-Rocher, et l'on descend de voit., à 1,200 m. à l'E. du carrefour croisé par le chemin de Montigny, pour visiter, en suivant le sentier Denecourt, la *grotte de Béatrix* et l'*Enfer du Dante*, le *vallon Muguet* et le *pic des Sept-Collines*.

On revient à Fontainebleau par la *route du Montoir*, à l'O. du Long-Rocher.

16 k. 6. *Carrefour de la Croix du Grand-Maître*, où l'on prend à g. la belle route d'Episy, qui aboutit au *carrefour de l'Obélisque*, à quelques minutes de Fontainebleau.

21 k. Fontainebleau.

4° **Notre-Dame des Champs, rocher des Sablons, vallée et rochers du Vaudoué, parcs et châteaux de Courances et de Fleury-en-Bière** (50 k.; une journée entière; déj. à Milly ou à Courances; il faut un cocher bien au courant de l'itinéraire). — On sort de Fontainebleau par le carrefour de la Fourche, et on suit la belle route de Milly.

10 k. Arbonne (*V. B*, 10°). — D'Arbonne à N.-D. des Champs, aux Sablons et au Vaudoué (même renvoi).

20 k. 5. Le Vaudoué (*V. B*, 10°). — 22 k. 5. *Noisy-sur-Ecole*. — On s'éloigne de la rivière.

27 k. *Milly* (hôt. : du *Lion-d'Or*; du *Cygne*), ch.-l. de c. de 2,276 hab., dans la vallée de l'École (*église* du XIII° s., avec curieuse épitaphe rimée du XVI° s. et stalles anciennes en bois sculpté; *château* bâti par l'amiral de Graville au XV° s., remanié au XVII°; *halle* en bois, du XV° s.).

31 k. *Courances*. — Le *château* (on ne peut le visiter qu'avec une autorisation spéciale), magnifiquement restauré par le baron Haber, appartient maintenant au comte J. de Ganay. Il est entouré d'un parc ouvert aux visiteurs (s'adr. au régisseur de la propriété) et décoré d'arbres splendides, enguirlandés de lierre. — *Eglise* des XII° et XIII° s. (statue tombale de 1375).

35 k. 5. La route tourne à dr. — 36 k. *Cély* (corresp. pour la gare de Melun) possède une *église* du XIII° s., ornée de vitraux du XV° s., et d'une clôture en bois de la Renaissance. — Sur la place, *orme* magnifique. — On se dirige vers le S.-E.

38 k. Fleury-en-Bière (*V. B*, 2°). — 40 k. *Saint-Martin-en-Bière*. — 41 k. *Macherin*, ham. de Saint-Martin, à 1 k. de la lisière de la forêt. — La route pénètre dans la forêt et passe au carrefour des Buttes de Franchard; puis, prenant à l'E. la route de Milly, on laisse à g., à 700 m., les gorges de Franchard, puis, du même côté, à 1 k., les gorges du Houx, pour aboutir au carrefour de la Fourche.

50 k. Fontainebleau.

5° Larchant et Nemours (10 h. de voit.; 44 ou 46 k.; déj. à Nemours; excurs. forestière et archéologique, recommandée; s'assurer que le cocher connaît l'itinéraire). — *N. B.* Nemours est une stat. du ch. de fer de Lyon, ligne du Bourbonnais; on peut donc de là, par le train, rentrer à (28 k.) Fontainebleau, ou gagner (87 k.) Paris. — Sortant de Fontainebleau par le carrefour de l'Obélisque, on prend, soit la route directe de (18 k.) Nemours, puis, à 2 k. de Fontainebleau, celle qui se détache à dr., passe à (9 k.) Recloses (*V. B*, 9°), croise le ch. de fer de Moret à Malesherbes et passe à *Villiers-sous-Grez* (*église* des xii° et xiii° s.), pour arriver à (17 k.) Larchant; — soit, au carrefour de l'Obélisque, au S.-O., la route d'Orléans, qui passe à (5 k. 5) la *Croix de Souvray*, (10 k.) *Ury* et (14 k.) la *Chapelle-la-Reine*, où l'on quitte cette route pour prendre à g., vers le S., le chemin qui passe au pied de la belle *ferme du Chapitre* (xvii° s.; *puits* avec un écho extraordinaire).

19 k. *Larchant*, v. de 472 hab., ancienne ville fortifiée, détruite en 1778 par un incendie.

L'église, du xiii° s., a été dévastée en 1567 par les calvinistes. La porte O. est remarquable par ses ornements géométriques à jour. Le beau porche N. (au tympan, le *Jugement dernier*) est surmonté d'une magnifique tour (72 m.?) dont les voûtes sont effondrées et dont le dernier étage, du xv° s., est en ruine. Les deux dernières travées de la nef (au fond, belle copie, par Guillebaut, d'un tableau de Poussin : *Résurrection du fils de la veuve de Naïm*), le transsept et l'abside, servant encore au culte, ont été restaurés en 1869. Le chœur a été flanqué, à g., à la fin du xiii° s., d'une seconde abside richement ornée (retable en pierre du xv° s.).

Sortant de Larchant à l'E., on traverse la partie S. des *bois de la Commanderie*.

26 k. **Nemours** (*hôtel de l'Ecu de France* : pet. déj., 75 c.; déj., 2 fr. 50; dîn., 3 fr.; ch. à 1 lit, 2 fr.; à 2 lits, 4 fr.; *hôtel de la Gare* : pet. déj., 60 c.; déj., 2 fr. 50; dîn., 3 fr.; ch. à 1 lit, 2 fr.; à 2 lits, 4 fr.; pens. 7 fr. par j.), ch.-l. de c. de 4,861 hab., situé presque tout entier entre la rive g. du Loing et le canal du Loing, est une retraite aimée des artistes. — *L'église* date du xvi° s., avec une tour dont la base est du xiii°. — En face de l'église, *statue du mathématicien Bezout*, par Sanson ; dans la Grande-Rue de Paris, proche le pont des Petits-Fossés, *monument de la source de Chaintreauville*, aussi par Sanson. — Le *château* (4 tours et un donjon; s'adr., pour visiter, à g. chez le chaudronnier Raillard), des xii° et xv° s., situé entre la rivière et la rue principale de la ville, au fond d'une cour dont l'entrée est du xvii° ou du xviii° s., est très délabré. — Au-dessus de la rive dr. du Loing, *promenade de la butte du Châtelet.* — Pour plus de détails sur Nemours, *V.* les *Environs de Paris.*

6° Thomery et Champagne (8 k. et 9 k. 5). — On se rend de Fontainebleau à Thomery : — 1° par le ch. de fer (55 c., 40 c., 25 c. ; all. et ret., 85 c., 60 c. et 40 c.) jusqu'à la stat. de Thomery, d'où l'on gagne à pied le v. (au N.-E.) en 25 min. ; — 2° par la route de Moret, qui se détache du carrefour de l'Obélisque et se dirige en droite ligne, à travers la forêt, vers la Seine, en laissant à 500 m. à g. le v. d'Avon, et, à une faible distance à dr.,

Larchant.

les rochers du même nom. A 5 k. 6 de l'Obélisque, on rencontre, près du ch. de fer, le *carrefour de la Croix de Montmorin*; on suit, à g., le chemin qui passe sous la voie ferrée et aboutit au *carrefour Duchâtel*, d'où un chemin, à dr., conduit à (400 m.) la station de Thomery. Le village est à 1,600 m. à g. ; — 3° descendant par la rue du Parc, on traverse le Parc du Palais entre le Parterre et le Grand Canal, et, à la sortie par la *grille des Héronnières*, on prend à g. la route de Villars, qui longe les établissements militaires et les quartiers du train et de l'artillerie, traverse la com. d'Avon et la ligne du ch. de fer, et entre dans (8 k.) Thomery, par le *bois de Chantloiseau*; — 4° on peut encore gagner Thomery par le bord de la Seine : prendre le tramway électrique jusqu'au (4 k.) pont de Valvins, et longer à dr., sans franchir le pont, la rive g. du fleuve par un sentier qui traverse le *domaine de la Rivière*, à la comtesse Greffulhe (servitude de passage) et aboutit au coquet hameau d'*Effondré*, lequel n'est séparé de Thomery que par une rue.

8 k. *Thomery* (poste, télégr. et téléphone; *hôtel Mallet* : pens. 6 fr. par j.), v. de 1,176 hab., est bâti en amphithéâtre sur un coteau de la rive g. de la Seine, à 130 m. d'alt. Son **chasselas,** dit de Fontainebleau, dont Paris fait une si grande consommation, l'a rendu célèbre. Tout le coteau est divisé par des murs couverts d'espaliers et orientés vers le midi, de manière à donner au raisin toute sa maturité. Les murs des maisons et des rues, également couverts de vignes, offrent à l'extérieur l'aspect d'un verger. Les murs d'espaliers de la com. de Thomery, rangés bout à bout, atteindraient une longueur de plus de 320 k. On estime à 1,500,000 fr. le produit annuel de la vente moyenne du chasselas récolté à Thomery.

On visitera avec intérêt les principaux établissements d'horticulture et de viticulture, qui sont ceux de *MM. Etienne Salomon et François Charmeux* et de *Mme Vve Rose Charmeux*; on y trouve des primeurs et des fruits frais en toute saison.

C'est à *By*, un des hameaux de Thomery, que se trouve le petit castel qu'habitait le célèbre peintre animalier Rosa Bonheur (1822-1899).

En suivant la Grande-Rue de Thomery, on traverse une jolie vallée bordée de vertes collines, et on arrive, en 15 min., au pont de Champagne, reconstruit en 1899.

9 k. 5. *Champagne-sur-Seine*, 605 hab., à 115 m. d'alt., sur la rive dr. de la Seine. — On monte un peu en face du pont et, tournant à dr., on traverse le village (stat. du ch. de fer de Corbeil à Montereau); à un coude de la route, en approchant de la Seine et de *Saint-Mammès*, on voit à dr. l'embouchure de la rivière du Loing et devant soi le beau **viaduc** courbe de Moret (30 arches), haut de 20 m.

On cultive à Champagne un excellent chasselas, qui rivalise avec celui de Thomery, et des fruits superbes.

Dans la *Varenne*, partie comprise entre la ligne de Corbeil à Montereau et la Seine, MM. Schneider et Cⁱᵉ, du Creusot, ont créé de nouvelles usines, qui couvrent env. 50 hectares. Une société immobilière fait construire entre les usines et le v. de Champagne une ville ouvrière qui occupe déjà (1902) une surface de 10 hectares.

7° **Moret** (12 k.). — On s'y rend, soit en voit., soit par le ch. de fer (90 c., 60 c. et 40 c.; all. et ret., 1 fr. 35, 95 c. et 65 c.).

12 k. *Moret* (buffet; *hôtel-restaurant du Cheval-Noir*, avenue du Chemin-de-Fer, 47 : pet. déj., 60 c.; déj., 2 fr. 50; din., 3 fr.; ch. à 1 lit, 2 fr. et 2 fr. 50; à 2 lits, 3 fr.; pens., 6 fr. par j. pour 8 j. au moins), 2,090 hab., sur la rive g. du Loing, et à 1 k. de la gare, existe au moins depuis le ɪxᵉ s.

On descend de la gare à la ville par une belle avenue plantée d'arbres, qui rejoint à dr. la route de Fontainebleau (au n° 10, magasin d'exposition et de vente des *faïences artistiques de Moret*) et aboutit à la belle *porte de Paris*, du xiv° s., qui donne entrée dans la *rue Grande* (n° 28, belle *maison* de la Renaissance, avec une sentence latine tirée de Salluste). Celle-ci, traversant la ville en droite ligne, est fermée à son extrémité opposée, sur la rivière, par une autre porte semblable, la *porte de Bourgogue*, bâtie à la tête d'un vieux *pont* gothique (aspect très pittoresque de la ville et de la rivière). A 300 m. env. en amont, un *pont-aqueduc* porte le canal de dérivation de la Vanne (1872). A dr., dans la rue Grande, s'ouvre la *rue de l'Eglise*.

L'**église** a un chœur de la fin du xii° s., un magnifique portail principal du xv° s. et une tour élégante (cloche de 1525). A l'int. : orgues du xvi° s. (boiseries curieuses); plusieurs pierres tombales, parmi lesquelles celle de Jacqueline de Bueil, comtesse de Moret; boiseries du xvi° s. à la porte de la sacristie. — A dr. de l'église se trouve l'*hospice* (on y voit une porte du xiii° s.), dont les religieuses fabriquent et vendent un *sucre d'orge* renommé (on en trouve au buffet de la gare). — Dans la *rue du Château*, qui s'ouvre au coin de l'hospice, un **donjon** quadrangulaire à contreforts (on ne visite pas), du xii° s., remanié, fait partie d'une belle habitation particulière, qui a remplacé le château où Fouquet fut enfermé quelques mois (1664).

L'Orvanne, jolie petite rivière qui débouche sur la rive dr. du Loing, en face de Moret, forme, à 2 k. S.-E. de la ville, dans un charmant vallon, le bel *étang de Moret*, long de 1,300 m., large de 300 m.

681-03. — Coulommiers. Imp. PAUL BRODARD. — 7-03.

PUBLICITÉ DES GUIDES JOANNE
EXERCICE 1903-1904

**I. Adresses utiles. — Sociétés financières.
Journaux. — Chemins de fer. — Agences de voyages.
Indicateurs. — Compagnies maritimes.**

ADRESSES UTILES

AMEUBLEMENT

AMEUBLEMENT ET DÉCORATION
Vente et achat
*Location de meubles en tous genres
Garde-meuble public*
PERRICHET & BELZACQ
[TÉLÉPHONE] 521-58
BELZACQ, Succ
4 et 6, rue de la Pépinière

G. ROUZÉE, *72, 72 bis, 72 ter,
rue de la Folie-Regnault*, Paris.
[TÉLÉPHONE] 908-07. Salles de bains, cabinets de toilette, chauffage au gaz.
Vente et location. (Voir p. 132.)

ANTISEPTIQUE

OZONATEUR, Brev. s. g. d. g.
Désinfecteur automatique.
9, Chaussée d'Antin, Paris
[TÉLÉPHONE] 124-66

APPARTEMENTS
ET CHAMBRES MEUBLÉS

**APPARTEMENTS
ET CHAMBRES MEUBLÉS**

MAISON PARTICULIÈRE
En face les Carmes, près le Luxembourg
31, RUE DE VAUGIRARD, 31

ARMES

GUINARD & Cie
Armuriers brevetés
8, avenue de l'Opéra, 8
près la rue Sainte-Anne

Les Fusils « GUINARD » sont très soignés et meilleur marché que partout ailleurs.

A chaque saison, les chasseurs auront avantage et profit à visiter les nouveautés et à demander le nouveau catalogue.

Voir le nouveau fusil a détente unique **système Guinard**.

Spécialité de **Cartouches à poudre sans fumée** de fabrication supérieure et le meilleur marché.

8, avenue de l'Opéra, 8, Paris

BANQUES

Comptoir National d'Escompte de Paris. (Voir p. 7.)

Crédit Lyonnais. (Voir p. 10.)

Société Générale. (Voir p. 8.)

BIJOUTERIE

Tranchant, *79, rue du Temple*, Paris. Bijouterie argent en tous genres. Hochets, Bracelets, Chaînes, Bourses, Ronds de serviette, Timbales, Coquetiers, Tabatières, Petite orfèvrerie, Articles de bureaux et de fumeurs, Chapelets, Croix, Médailles. `TÉLÉPHONE` 283-12.

CALVITIE
CHUTE DES CHEVEUX

Cornioley, *1, rue de la Paix*, Paris. Produits hygiéniques; Spécialités pour la chevelure et le visage. *Prospectus gratis*. Diplôme de la Sté de médecine de France.

CAOUTCHOUC DE VOYAGE
HYGIÈNE — CHIRURGIE

Maison Charbonnier
J. VECRIGNER, Succr
376, rue Saint-Honoré, 376

Caoutchouc manufacturé anglais, français et américain. Chaussures américaines et gants, bottes de marais.

Vêtements imperméables, toile caoutchouc. Tubs anglais ou bains portatifs, cuvettes pliantes, sacs à eau chaude, coussins et matelas à air et à eau pour malades et pour voyages. Urinaux. Bidets et bassins, etc. Atelier de réparation.

`TÉLÉPHONE` 241-67

CHAUFFAGE

G. ROUZÉE, *73, 73 bis, 73 ter*, *rue de la Folie-Regnault*, Paris. `TÉLÉPHONE` 908-07. Chauffage au gaz, salles de bains, cabinets de toilette. vente et location. (Voir p. 132.)

CHOCOLAT

Chocolat Menier. (V. p. 131.)

Compagnie Coloniale. (Voir page de garde en tête du volume.)

CRISTAUX, FAIENCES, PORCELAINES

Maison Toy, *10, rue de la Paix*, Paris. (Voir p. 40.)

DENTIFRICES

Docteur Pierre. (Voir p. 39.)

GLACIÈRES

Glacière des Châteaux. — J. Schaller, *332, rue St-Honoré*, Paris. (Voir p. 40.)

GYMNASTIQUE

Lelièvre. (Voir *Sauvetage*.)

HOTELS

Adelphi Hôtel et Restaurant, 22, boul. des Italiens. Entrée: *4, rue Taitbout*. Lumière électrique. Ascenseurs. Prix modérés.

Grosvenor Hôtel, Champs-Elysées, *59, rue Pierre-Charron*, Paris. Confort entièrement moderne.

Hôtel de l'Amirauté, 5, *rue Daunou* (rue de la Paix). Restaurant et table d'hôte. Ascenseur. Electricité. Bains. `TÉLÉPHONE` 231-86.

Grand Hôtel de l'Athénée
15, rue Scribe, Paris

HOTEL DE BERNE, *30, rue de Châteaudun*. Man spricht deutsch. English spoken. Si parla italiano.

Grand Hôtel des Capucines, *37, boul. des Capucines*. Maison recommandée. **SANS SUCCURSALE**. Table d'hôte. Excellente cuisine. Bains. Ascenseur. Eclairage électrique. `TÉLÉPHONE` 250-52. Mme E. CHABANETTE, propriétaire.

HOTELS (*suite*)

Hôtel du Chariot d'Or
Reconstruit en 1887, *rue Turbigo, 39*, près le boul. Sébastopol. Table d'hôte. Café-Restaurant. *English spoken*. Chambres confortables depuis 2 fr. 50. Ascenseur.
RABOURDIN, propriétaire.

Hôtel Chatham
17 et 19, rue Daunou, Paris

Hôtel de la Cité Bergère, 4, cité Bergère (grands boulevards). Chambres depuis 2 fr. 50; grand confortable. Electricité. Bains. Salon de lecture. Table d'hôte.
TELEPHONE 217-34

HOTEL CLUNY-SQUARE
21, boulevard Saint-Michel, à l'angle du boulevard Saint-Germain. Chambres très confortables depuis 2 francs par jour.
Location au mois, prix modérés.

Hôtel Corneille, *5, rue Corneille*, en face l'Odéon. Chambres de 2 à 5 fr. Restaurant. Lumière électrique. TELEPHONE 810-80. Agréé par le T. C. F.

Gd HOTEL DE DIEPPE, *22, rue d'Amsterdam*, face la sortie de la gare St-Lazare. **Chambres très confort. dep. 3 fr.** TELEPHONE Paris-Prov. 164-15. **GRONGNET**, prop^rs.

Hôtel de la Grande-Bretagne, *14, rue Caumartin*, entre la Madeleine, l'Opéra et la gare St-Lazare. *Spécialement recommandé aux familles*. Chauffage à vapeur. Lumière électrique. TELEPHONE 245-52. Prix très modérés.

HOTELS (*suite*)

Hôtel du Jardin des Tuileries

206, rue de Rivoli, 206

Avec tout le confort moderne
TELEPHONE 238-98

Même maison à **DIEPPE**

HOTEL FRANÇAIS
E. LAFOSSE, propriétaire.

Grand Hôtel Louvois, *place Louvois*, situé sur un beau square, au centre de Paris. Appartements et chambres seules. Restaurant et table d'hôte. Ascenseur. Bains. Lumière électrique. TELEPHONE 260-04. **L. Dhuit**, propriétaire.

Maison meublée, *58, rue Jacob*, près les Tuileries et la nouvelle gare d'Orléans. Appartements et chambres meublés. **Teissèdre**, propriétaire.

Hôtel Mirabeau, *8, rue de la Paix*. Hôtel et Restaurant. Chambres et appartements pour familles. TELEPHONE 228-89. (Voir p. 43.)

Grand Hôtel de Normandie, *4, rue d'Amsterdam*, Paris (face gare St-Lazare). Restaurant à la carte et à prix fixe. Chambres de 3 à 10 francs. *English spoken*. TELEPHONE 279-05. **Victor Davène**, propr.

Hôtel moderne de l'Odéon, *17, rue Racine*, près les gares Lyon, Orléans et Montparnasse. Chambres sur rue depuis 2 fr. 50 et au mois.

Hôtel d'Ostende. *9, rue de la Michodière*, près l'Opéra. Agencement moderne. Lumière électrique. TELEPHONE 253-01. Prix modérés. Chambres richement meublées.

HOTELS (*suite*)

Hôtel d'Oxford et de Cambridge, *13, rue d'Alger*, près des Tuileries. Pension et service à la carte. Table d'hôte Maison de famille, recommandée pour son confortable et ses prix modérés. *Salle de bains. Lumière électrique.* Tarif franco sur demande

---

Grand Hôtel de Rochefort Restaurant à la carte, *6, rue Dupuytren*, près l'Ecole de médecine et boulevard St-Germain. Chambres depuis 1 fr. 50 par jour et 20 fr. par mois. Recommandé.

Hôtel de Seine, *51, rue de Seine* (boul. Saint-Germain), Paris. Appartements et chambres confortables. Table d'hôte. Service à volonté. Prix modérés.

Dujardin, propriétaire.

HYDROTHÉRAPIE

G. ROUZÉE, *72, 72 bis, 72 ter, rue de la Folie-Regnault*, Paris.

[TELEPHONE] 908-07

Salles de bains, cabinets de toilette, chauffage au gaz. Vente et location. (Voir p. 132.)

INSTITUTIONS

INSTITUTION BERTRAND

Ecole professionnelle, industrielle de Versailles. *52, avenue de Saint-Cloud*, VERSAILLES. Directeur: M. CAVIALE, I. ☿. Préparation aux Ecoles du gouvernement pour l'Industrie, le Commerce et l'Agriculture.

Institution des Enfants Arriérés, à *Eaubonne* (Seine-et-Oise). **M. Langlois**, Directeur. (Voir page de garde en tête du volume.)

INSTITUTIONS (*suite*)

Institut Rudy, *4, rue Caumartin*, Paris, 43ᵉ année. Cours et leçons. Langues, Lettres, Sciences, Musique, Chant, Peinture, Danse, Escrime, etc. 150 professeurs.

COLLÈGE SAINTE-BARBE

Place du Panthéon, Paris.

Directeur M. Paul PIERROTET.

(Voir p. 40.)

INSTITUTIONS DE DEMOISELLES

Institution de Mᵐᵉ Quihou *7, avenue Victor-Hugo*, **St-Mandé** (Seine), à la porte de Paris et près du bois de Vincennes, à 3 minutes de la gare, et sur le passage du tramway Louvre - Vincennes. — *Education complète.*

Pensionnat des Religieuses Franciscaines Sainte - Marie-des - Anges, aux CORBIÈRES à SAINT-SERVAN, sur la MER, en face DINARD, à un quart d'heure de PARAMÉ et de SAINT-MALO. Installation moderne et confortable. Grands jardins SUR LA MER. Plage particulière attenant à l'établissement. Situation climatérique et hygiénique favorable aux élèves de complexion délicate. *Prix de la pension, 500 fr.* Ecrire pour renseignements à la SUPÉRIEURE, à **Saint-Servan**.

LANTERNES D'AUTOMOBILES

DUCELLIER, *25, passage Dubail*, Paris. Lanternes et Phares d'automobiles. (Voir p. 41.)

DENICH (A.), *144, rue Saint-Maur*, Paris. (Voir p. 42.)

MAROQUINERIE

CHAMOÜIN, *76, rue de Richelieu*, Paris. (Voir p. 41.)

OBJETS D'ART

A. Herzog, objets d'art, *41, rue de Châteaudun*. Succursale, *9, rue Lafayette*.

ORFÉVRERIE

Maison DÉOTTE, *43, boulevard Haussmann*. Téléphone 256-06. (Voir p. 43.)

PARAPLUIES, CANNES

Dugas-Gérard, *82, rue Saint-Lazare*. Paris. Fabric. de cannes, cravaches, fouets, parapluies et ombrelles. Maison de confiance. Prix modérés.

PARFUMERIE (Fabricant de)

CORNIOLEY, *1, rue de la Paix*, Paris. Produits hygiéniques. Spécialités pour la chevelure et le visage. *Prospectus gratis*. Diplôme de la Société de médecine de France.

PÊCHE (Ustensiles de)
PIÈGES

Maison Moriceau

Bourdon et Benoît, succ^{rs},

28, quai du Louvre, Paris.

Ustensiles et filets de pêche en tous genres ; Pièges de tous systèmes. (Envoi *franco* du catalogue.)

PHARES D'AUTOMOBILES

DUCELLIER, *25, passage Dubail*, Paris. Lanternes et Phares d'automobiles. (Voir p. 41.)

DENICH (A.), *144, rue Saint-Maur*, Paris. (Voir p. 41.)

PHOTOGRAPHIE (Appareils de)

LOUIS SCHRAMBACH TÉLÉPHONE 274-49

15, rue de la Pépinière (Gare Saint-Lazare). Ateliers aux Batignolles.

Poitiers 1899 — Exposit. univ. 1900
Médailles d'argent

PRODUITS PHARMACEUTIQUES

Coaltar saponiné. (V. p. 130.)

Fer Bravais. (Voir p. 129.)

Lin Tarin; Pommade Fontaine; Savon Fontaine.
(Voir p. 42.)

Uricol. (Voir p. 58.)

POMMADE MOULIN
Guérit Dartres, Boutons, Rougeurs, Démangeaisons, Eczéma, Hémorrhoïdes. Fait repousser les Cheveux et les Cils, 2'30 le Pot *franco*. Pharmacie **MOULIN**, 80. Rue Louis-le-Grand, *PARIS*

VÉRITABLES GRAINS DE SANTÉ DU Dr FRANCK contre *la constipation.* (Voir p. 129.)

Meaux.	Pont-Audemer.	* Sedan.
* Melun.	Pont-l'Evêque.	Semur.
* Menton.	* Pontoise.	* Senlis.
Meulan.	Provins.	* Sens.
Meursault.	Puy (Le).	Sèvres.
Millau.	* Quimper.	* Soissons.
Moissac.	* Reims.	* Tarare.
* Montargis.	Remiremont.	* Tarascon.
* Montauban.	* Rennes.	* Tarbes.
Montbéliard.	Rive-de-Gier.	* Thiers.
Mont-de-Marsan.	* Roanne.	Thizy.
Montélimar.	Rochefort sur Mer.	Thouars.
* Montereau.	* Rodez.	Tonnerre.
* Montluçon.	* Romans.	* Toul.
* Montpellier.	Romilly-sur-Seine.	* Toulon.
Moret-sur-Loing.	Roubaix.	* Toulouse.
Morez-du-Jura.	* Rouen.	Tourcoing.
Morlaix.	Ruffec.	Tournus.
* Moulins.	Saint-Affrique.	* Tours.
* Nancy.	Saint-Amand.	* Troyes.
* Nantes.	Saint-Brieuc.	Tulle.
* Narbonne.	Saint-Chamond.	Uzès.
Nemours.	* Saint-Dié.	* Valence.
* Nevers.	* Saint-Etienne.	Valence-d'Agen.
* Nice.	Sainte-Foy-la-Grande.	* Valenciennes.
* Nîmes.	Saint-Gaudens.	* Vannes.
Niort.	* Saint-Germain-en-	* Vendôme.
* Noyon.	Laye.	Verneuil-sur-Avre.
Oloron-Ste-Marie.	* Saint-Jean-d'Angély.	* Vernon.
* Orléans.	* Saint-Lô.	* Versailles.
Orthez.	Saint-Loup-sur-Se-	Vervins.
* Pamiers.	mouse.	* Vesoul.
Parthenay.	* Saint-Malo.	* Vichy.
* Pau.	* Saint-Nazaire.	Vierzon.
* Périgueux.	* Saint-Quentin.	* Villefranche-de-
* Perpignan.	St-Remy-de-Provence.	Rouergue.
Pertuis.	Saint-Servan.	Villeneuve-sur-Lot.
* Pézenas.	* Saintes.	Villeurbanne.
Pithiviers.	Sarlat.	Vitré.
* Poitiers.	* Saumur.	Voiron.

Agence de Londres, 53, Old Broad Street.

La Société a, en outre, 65 Succursales, Agences et Bureaux à Paris et dans la Banlieue, et des Correspondants sur toutes les places de France et de l'Etranger.

OPÉRATIONS de la SOCIÉTÉ GÉNÉRALE :

Dépôts de fonds à intérêts en compte ou à échéance fixe (taux des dépôts de 3 à 5 ans : 3 1/2 0/0, net d'impôt et de timbre) ; — Ordres de Bourse (France et Etranger) ; — Souscriptions sans frais ; — Vente aux guichets de valeurs livrées immédiatement (Obl. de ch. de fer, Obl. à lots de la ville de Paris et du Crédit foncier, Bons Panama, etc.) : — Escompte et Encaissement de coupons ; — Mise en règle de titres ; — Avances sur titres ; — Escompte et Encaissement d'effets de commerce ; — Garde de titres ; — Garantie contre le remboursement au pair et les risques de non-vérification des tirages ; — Transports de fonds (France et Etranger) ; — Billets de crédit circulaires ; — Lettres de crédit ; — Renseignements ; — Assurances ; — Services de Correspondant, etc.

LOCATION DE COFFRES-FORTS
ET DE COMPARTIMENTS DE COFFRES-FORTS

au Siège social, dans les succursales, dans plusieurs bureaux et dans un grand nombre d'Agences, depuis 5 fr. par mois ; tarif décroissant en proportion de la durée et de la dimension.

(Demander les Notices spéciales à tous les guichets de la Société.)

(*) Les Agences marquées d'un astérisque sont pourvues d'un service de location de coffres-forts.

Type B*

CRÉDIT LYONNAIS

FONDÉ EN 1863

SOCIÉTÉ ANONYME — CAPITAL : 250 MILLIONS

ENTIÈREMENT VERSÉS

LYON, SIÈGE SOCIAL : PALAIS DU COMMERCE

PARIS : BOULEVARD DES ITALIENS

AGENCES DANS PARIS

Place du Théâtre-Français, 3.
Rue Vivienne, 31 (Bourse).
Faubourg Poissonnière, 44.
Rue Turbigo, 3 (Halles).
Rue de Rivoli, 43.
Rue Rambuteau, 14.
Boulevard Sébastopol, 91.
Rue du Faub.-St-Antoine, 63.
Boulevard Voltaire, 43.
Rue du Temple, 201.
Boulevard Saint-Denis, 10.
Avenue de Villiers, 69.
Boulevard Magenta, 81.
Avenue Kléber, 108.
Place Clichy, 16.
Boulevard Haussmann, 53.
Rue du Faub.-St-Honoré, 152.
Boulevard Saint-Germain, 58.
Boulevard Saint-Michel, 20

Rue de Rennes, 66.
Boulevard Saint-Germain, 205.
Avenue des Gobelins, 14.
Rue de Flandre, 30.
Rue de Passy, 64.
Rue La Fontaine, 122.
Avenue des Ternes, 37.
Boulevard de Bercy, 1.
Avenue des Champs-Elysées, 55.
Rue Lafayette, 50.
Avenue d'Orléans, 19.
Place Victor-Hugo, 7.
Boulevard Haussmann, 182.
Rue Saint-Antoine, 62.
Rue Royale, 14.
Rue Lecourbe, 2.
Boulevard de Courcelles, 5.
Boulevard Voltaire, 113.
Boulevard Barbès, 5.

NEUILLY-SUR-SEINE, avenue de Neuilly, 26.

SAINT-DENIS, rue de Paris, 52.

BOULOGNE-SUR-SEINE, boulevard de Strasbourg, 1.

CRÉDIT LYONNAIS

AGENCES EN FRANCE ET EN ALGÉRIE

Abbeville.	Cette.	Lisieux.	Rochelle (La).
Agen.	Chalon-s.-Saône.	Lunel.	Romans.
Aix-en-Provence	Chambéry.	Lunéville.	Roubaix.
Aix-les-Bains.	Charleville.	Mâcon.	Rouen
Alais.	Chartres.	Mans (Le).	Saint-Chamond.
Alger (Algérie).	Châtellerault.	Marseille.	Saint-Denis.
Amiens.	Châtillon - sur -	Maubeuge.	Saint-Dié.
Angers.	Seine.	Mazamet.	Saint-Dizier.
Angoulême.	Cherbourg.	Menton.	Saint-Etienne.
Annecy.	Cholet.	Montauban.	St-Germ.-en-Laye
Annonay.	Clerm.-Ferrand.	Montbéliard.	Saint-Omer.
Antibes.	Cognac.	Monte-Carlo (Ter-	Saint-Quentin.
Armentières.	Compiègne.	ritoire français).	Saintes.
Arras.	Condom.	Montélimar.	Salon.
Auxerre.	Constantine (Alg.)	Montluçon.	Sedan.
Avignon.	Creusot (Le).	Montpellier.	Sens.
Bar-le-Duc.	Dijon.	Moulins.	Sidi-Bel-Abbès (Alg.)
Bayonne.	Douai.	Nancy.	Tarare.
Beaucaire.	Draguignan.	Nantes.	Thiers.
Beaune.	Dunkerque.	Narbonne.	Thizy.
Belfort.	Elbeuf.	Nevers.	Toulon.
Belleville-s-Saône	Epernay.	Nice.	Toulouse.
Besançon.	Epinal.	Nîmes.	Tourcoing.
Béziers.	Fécamp.	Niort.	Tours.
Biarritz.	Flers.	Nogent-le-Rotrou	Troyes.
Blois.	Fougères.	Oran (Algérie).	Valence.
Bône (Algérie).	Grasse.	Orléans.	Valenciennes.
Bordeaux.	Gray.	Pau.	Vallauris.
Boulogne-sur-S.	Grenoble.	Périgueux.	Verdun.
Bourg.	Hyères.	Perpignan.	Versailles
Bourges.	Havre (Le).	Philippeville (Alg.)	Vesoul.
Caen.	Issoire.	Poitiers.	Vichy.
Calais-St-Pierre.	Jarnac.	Reims	Vienne (Isère).
Cambrai.	Laon.	Remiremont.	Vierzon.
Cannes.	Laval.	Rennes.	Villefranche-sur-Seine.
Carcassonne.	Libourne.	Rethel	Villeneuve-sur-Lot.
Carpentras.	Lille.	Rive-de-Gier.	Vitry-le-François
Caudry.	Limoges.	Roanne.	Voiron.

AGENCES A L'ÉTRANGER

Alexandrie (Égypte)	Constantinople.	Moscou.	Smyrne.
Barcelone.	Genève.	Odessa.	Jérusalem.
Bruxelles.	Londres.	Port-Saïd.	Valence (Espagne).
Caire (Le).	Madrid.	St-Pétersbourg.	Saint-Sébastien.

Le **Crédit Lyonnais** fait toutes les opérations d'une maison de banque : **dépôts d'argent** remboursables à vue et à échéance ; **dépôts de titres** ; **encaissements** de coupons ; ordres de Bourse ; souscriptions ; escompte de **papier de commerce** sur la France et l'étranger ; chèques et **lettres de crédit** sur tous pays ; **prêts sur titres** français et étrangers ; achat et **vente de monnaies, matières et billets étrangers.**

Service spécial de location de COFFRES-FORTS dans des conditions présentant toute garantie contre les risques d'incendie et de vol (compartiments depuis 5 francs par mois).

LE FIGARO

Six Pages tous les jours

DIRECTEUR :
GASTON CALMETTE

⚜ INFORMATIONS ⚜

L^E FIGARO est outillé de manière à fournir sur chaque événement important, en France et à l'Étranger, l'information la plus rapide, la plus complète, la plus sûre. Il a, depuis sa nouvelle direction, un service spécial de dépêches de la dernière heure qui lui sont envoyées de toutes les grandes capitales.

Ouvert à tous les partis, journal indépendant, frondeur, le **Figaro** est devenu la tribune la plus libre et la plus retentissante.

C'est le journal le plus répandu dans le monde entier.

CHAQUE LUNDI	*CHAQUE JEUDI*

Un Dessin d'Actualité

CARAN D'ACHE, SEM & CAPPIELLO

UNE PAGE DE MUSIQUE INÉDITE

TOUS LES SAMEDIS

Five o'Clock

Pendant la saison d'hiver, le **Figaro** donne, dans son hôtel, des concerts auxquels sont invités, à tour de rôle, ses abonnés. Les abonnés des départements et de l'étranger, de passage à Paris, reçoivent aussi des invitations sur leur demande.

PUBLICITÉ

Les services de Publicité liée à la Rédaction sont installés dans l'hôtel du **Figaro**, 26, rue Drouot. La publicité du **Figaro** est la plus recherchée.

ABONNEMENTS

	PARIS ET DÉPARTEMENTS	DÉPARTEMENTS	ÉTRANGER
Un an . . .	60 fr.	75 »	88 »
6 mois . . .	30 fr.	37 50	43 »
3 mois . . .	15 fr.	18 75	21 50

CHEMINS DE FER

PARIS-LYON-MÉDITERRANÉE

FÊTES DE NICE

A l'occasion : 1° *des Fêtes de Noël et du Jour de l'An; 2° des Courses de Nice; 3° du Carnaval de Nice*, des

BILLETS D'ALLER ET RETOUR DE 1re ET 2e CLASSES

sont délivrés du 15 décembre au 15 février et du 22 février au 14 avril 1903 pour
Cannes, Nice, Menton, par les gares désignées ci-après :

Paris, Belfort, Vesoul, Besançon, Gray, Nevers, Is-sur-Tille, Dijon, Genève, Clermont-Ferrand, Saint-Étienne, Lyon, Grenoble, Valence, Avignon, Cette, Nîmes.

Les prix de ces billets sont annoncés au public par des affiches, quelques jours à l'avance.

La *validité* desdits billets est de 20 jours, y compris le jour de l'émission, avec faculté de prolongation de deux périodes de 10 jours, moyennant payement, pour chaque période, d'un supplément de 10 0/0.

Les voyageurs peuvent s'arrêter, tant à l'aller qu'au retour, à deux gares de leur choix, à condition de faire viser leur billet dès l'arrivée à la gare d'arrêt.

STATIONS HIVERNALES

BILLETS D'ALLER ET RETOUR COLLECTIFS

Il est délivré, du 15 octobre au 15 mai, dans toutes les gares du réseau P.-L.-M., sous condition d'effectuer un parcours simple minimum de 150 kilomètres, aux familles d'au moins trois personnes voyageant ensemble, des billets d'aller et retour collectifs de 1re, 2e et 3e classes, pour les stations hivernales suivantes : Hyères et toutes les gares situées entre Saint-Raphaël-Valescure, Grasse, Nice et Menton inclusivement.

Le prix s'obtient en ajoutant au prix de quatre billets simples ordinaires (pour les 2 premières personnes) le prix d'un billet simple pour la 3e personne, la moitié de ce prix pour la 4e et chacune des suivantes.

Validité : 33 jours, avec faculté de prolongation.

Arrêts facultatifs. Faire la demande de billets 4 jours au moins à l'avance à la gare où le voyage doit être commencé.

AVIS IMPORTANT

Les renseignements les plus complets sur les *Voyages circulaires* (prix, conditions et itinéraires), ainsi que sur les *billets simples et d'aller et retour, cartes d'abonnement, relations internationales, horaires*, etc., sont renfermés dans le **Livret-Guide-Horaire P.-L.-M.**, mis en vente au prix de **50 centimes** dans toutes les gares, les bureaux de ville et les bibliothèques des gares de la Compagnie. Cette publication contient, avec de nombreuses illustrations, la description des contrées desservies par le réseau.

La Compagnie P.-L.-M. met à la disposition du public, dans les principales gares, au prix de **25 centimes** l'exemplaire :

1° La Carte-Itinéraire de Marseille à Vintimille, avec notes historiques, géographiques, etc., sur les localités situées sur le parcours ;

2° Les plaquettes illustrées désignées ci-après, décrivant les régions les plus intéressantes desservies par le réseau P.-L.-M.

a) **Réseau P.-L.-M.-Suisse-Italie** (éditée en langues française, anglaise et allemande).

b) **Monuments romains et Villes du moyen âge du réseau P.-L.-M.** (éditée en langues française, anglaise et allemande).

c) **Chamonix Mont Blanc** (éditée en langues française, anglaise et allemande).

d) **Savoie Suisse** (éditée en langues française, anglaise et allemande).

e) **Littoral de la Méditerranée** (éditée en langues française et anglaise).

f) **Saison thermale** (éditée en langue française).

L'envoi de ces documents est fait par la poste sur demande adressée au **Service central de l'Exploitation**, 20, boulevard Diderot, à Paris (XIIe arr.), et accompagné de **25 centimes** en timbres-poste pour le **Livret-Guide-Horaire P.-L.-M.** ou de **35 centimes** en timbres-poste pour chacune des autres publications énumérées ci-dessus.

CHEMINS DE FER PARIS-LYON-MÉDITERRANÉE (Suite)

RELATIONS DIRECTES ENTRE PARIS ET L'ITALIE
(VIA MONT CENIS)

Billets d'aller et retour de PARIS à TURIN, à MILAN, à GÊNES et à VENISE
(Via Dijon, Mâcon, Aix-les-Bains, Modane)

Prix des Billets

Turin.	1re cl. 148 fr. 10; 2e cl. 106 fr. 45	*Validité :*	
Milan. —	166 fr. 55; — 121 fr. 70		
Gênes. —	168 fr. 40; — 120 fr. 05	**30 jours**	
Venise. —	218 fr. 95; — 155 fr. 80		
Rome. —	266 fr. 70; — 189 fr. 40	*Val. : 45 jours*	

Ces billets sont délivrés toute l'année à la gare de Paris-Lyon et dans les bureaux succursales.

La validité des billets d'aller et retour **Paris-Turin** est portée gratuitement à 60 jours, lorsque les voyageurs justifient avoir pris, à Turin, un billet de voyage circulaire intérieur italien.

D'autre part, la durée de validité des billets d'aller et retour **Paris-Turin et Paris-Rome** peut être prolongée moyennant le payement d'un supplément égal à 10 0/0 du prix du billet.

Arrêts facultatifs à toutes les gares du parcours.

FRANCHISE DE 30 KILOGRAMMES DE BAGAGES SUR LE PARCOURS P.-L.-M

BILLETS D'ALLER ET RETOUR
DE PARIS A BERNE ET A INTERLAKEN
(**Via Dijon, Pontarlier, Les Verrières, Neuchâtel**) *ou réciproquement.*
DE PARIS A ZERMATT (MONT-ROSE)
(**Via Dijon, Pontarlier, Lausanne**) *sans réciprocité.*
PRIX DES BILLETS

De			
Berne	1re cl. 98 fr.; 2e cl. 73 fr.; 3e cl. 49 fr.		
Paris à Interlaken	— 110 fr.; — 82 fr.; — 55 fr.		
Zermatt (Mt-Rose)	— 140 fr.; — 108 fr.; — 71 fr.		

Valables 60 jours, avec arrêts facultatifs sur tout le parcours.

Franchise de 30 kilogs de bagages sur le parcours P.-L.-M.

EN ÉTÉ, TRAJET RAPIDE DE PARIS A BERNE ET A INTERLAKEN
SANS CHANGEMENT DE VOITURE EN 1re ET 2e CLASSES

Les billets d'aller et retour de **Paris** à **Berne** et à **Interlaken** sont délivrés du 1er avril au 15 octobre; ceux de Zermatt, du 15 mai au 30 sept.

VOYAGES INTERNATIONAUX AVEC ITINÉRAIRES FACULTATIFS

Il est délivré toute l'année, dans toutes les gares du réseau P.-L.-M., des Livrets de Voyages internationaux avec itinéraires établis au gré des voyageurs sur les réseaux français de **P.-L.-M.**, de l'**Est**, du **Nord** et de l'**Ouest**, et sur les chemins de fer *allemands, austro-hongrois, belges, bosniaques et herségoviniens, bulgares, danois, finlandais, luxembourgeois, néerlandais, norvégiens, roumains, serbes, suédois, suisses et turcs.* Ces voyages, qui peuvent comprendre certains parcours par bateaux à vapeur ou par voitures, doivent, lorsqu'ils sont commencés en France, comporter obligatoirement des parcours étrangers.

Parcours minimum : **600** kilomètres. Validité : **45** jours jusqu'à **2 000** kilomètres, **60** jours au-dessus de **2 000** kilomètres.

Arrêts facultatifs.

Les demandes de livrets internationaux sont satisfaites le jour même, lorsqu'elles arrivent à Paris ou à Nice 6 heures avant l'heure réglementaire de fermeture du bureau d'émission. Pour toutes les autres gares, les demandes doivent être faites 4 jours à l'avance.

CHEMINS DE FER PARIS-LYON-MÉDITERRANÉE (Suite)

VILLES D'EAUX
DESSERVIES PAR LE RÉSEAU P.-L.-M.

1° Billets d'aller et retour collectifs.

Il est délivré, du **15 mai au 15 septembre**, dans toutes les gares du réseau P.-L.-M., sous condition d'effectuer un parcours simple minimum de 150 kilomètres, aux familles d'au moins trois personnes voyageant ensemble, des billets d'aller et retour collectifs de 1ʳᵉ, 2ᵉ et 3ᵉ classes, *valables 33 jours*, pour les stations thermales suivantes :

Aix, Aix-les-Bains, Baume-les-Dames, Besançon, Bourbon-Lancy, Carpentras, Cette, Chambéry, Charbonnières, **Clermont-Ferrand** (Royat), Coudes, Die (Le Martouret, Sallières-les-Bains), Digne, Divonne-les-Bains, Euzet-les-Bains, Évian-les-Bains, Genève, Grenoble, Groisy-le-Plot-La Caille, La Bastide-Saint-Laurent-les-Bains, Le Fayet-Saint-Gervais, Le Luc et Le Cannet, Lépin-Lac-d'Aiguebelette, Le Vigan, Lons-le-Saunier, Manosque, Menthon (lac d'Annecy), Montélimar, Montpellier, Montrond, Moulins, Moutiers-Salins, Pontcharra-sur-Bréda, Pougues, Rémilly, **Riom** (Châtel-Guyon), Roanne, Sail-sous-Couzan, Saint-Georges-de-Commiers, Saint-Julien-de-Cassagnas, Saint-Martin-Sail-les-Bains, Salins, Santenay, Sarrians-Montmirail, Sauve, Thonon-les-Bains, Vals-les-Bains-la-Bégude, Vandenesse-Saint-Honoré-les-Bains, **Vichy**, Villefort.

Le prix des billets s'obtient en ajoutant au prix de quatre billets simples ordinaires (pour les deux premières personnes) le prix d'un billet simple pour la troisième personne ; la moitié de ce prix pour la quatrième et chacune des suivantes. **Arrêts facultatifs.** Faire la demande de billets 4 jours avant le départ à la gare où le voyage doit être commencé.

2° Billets d'aller et retour individuels.

Il est délivré, du 15 mai au 30 septembre, dans toutes les gares du réseau, des billets d'aller et retour de 1ʳᵉ, 2ᵉ et 3ᵉ classes comportant une réduction de 25 0/0 en 1ʳᵉ classe, et de 20 0/0 en 2ᵉ et 3ᵉ classes, pour les stations dénommées ci-dessus. — Validité **10 jours**, avec faculté de prolongation. *Arrêts facultatifs.*

VOYAGES CIRCULAIRES A ITINÉRAIRES FACULTATIFS
Sur le Réseau P.-L.-M.

Il est délivré, toute l'année, dans toutes les gares du réseau P.-L. M. des carnets individuels ou de famille, pour effectuer sur ce réseau, en 1ʳᵉ, 2ᵉ et 3ᵉ classes, des voyages circulaires à itinéraire tracé par les voyageurs eux-mêmes, avec parcours totaux d'au moins 300 kilomètres. Les prix de ces carnets comportent des réductions très importantes qui peuvent atteindre, pour les carnets de famille, 50 0/0 du Tarif général.

La validité de ces carnets est de 30 jours jusqu'à 1 500 kilomètres ; 45 jours de 1 501 à 3 000 kilomètres ; 60 jours pour plus de 3000 kilomètres.

Faculté de prolongation. — Arrêts facultatifs.

Pour se procurer un carnet individuel ou de famille, il suffit de tracer sur une carte, qui est délivrée gratuitement dans les gares P.-L.-M., bureaux de ville, et agences de la Compagnie, le voyage à effectuer, et d'envoyer cette carte 5 jours avant le départ, à la gare où le voyage doit être commencé, en joignant à cet envoi une provision de 10 francs.

Le délai de demande est réduit à 2 jours (dimanches et fêtes non compris) pour certaines grandes gares.

EXCURSIONS EN DAUPHINÉ

La Compagnie P.-L.-M. offre aux touristes et aux familles qui désirent se rendre dans le Dauphiné, vers lequel les voyageurs se portent de plus en plus nombreux chaque année, diverses combinaisons de voyages circulaires à itinéraires fixes ou facultatifs, permettant de visiter, à des prix réduits, les parties les plus intéressantes de cette admirable région : **La Grande-Chartreuse, les Gorges de la Bourne, les Grands-Goulets, les Massifs d'Allevard et des Sept-Laux, la Route de Briançon et les Massifs du Pelvoux**, etc. — Consulter le *Livret-Guide-Horaire P.-L.-M.*

CHEMIN DE FER D'ORLÉANS

BAINS DE MER DE L'OCÉAN
BILLETS D'ALLER ET RETOUR A PRIX RÉDUITS
VALABLES PENDANT 33 JOURS (*Non compris le jour du départ*).
TARIF G. V. n° 6 (ORLÉANS)

Pendant la saison des Bains de mer, du **samedi, veille de la fête des Rameaux, au 31 octobre**, il est délivré, à toutes les gares du réseau, des BILLETS ALLER ET RETOUR de toutes classes, à **prix réduits**, pour les stations balnéaires ci-après : **Saint-Nazaire. — Pornichet (Sainte-Marguerite). — Escoublac-la-Baule. — Le Pouliguen. — Batz. — Le Croisic. — Guérande. — Vannes** (Port-Navalo, Saint-Gildas-de-Ruis). — **Plouharnel-Carnac. — Saint-Pierre-Quiberon. — Quiberon. — Le Palais** (Belle-Isle-en-Mer). — **Lorient** (Port-Louis, Larmor). — **Quimperlé** (Le Pouldu). — **Concarneau. — Quimper** (Benodet, Beg-Meil, Fouesnant). — **Pont-l'Abbé** (Langoz, Loctudy) — **Douarnenez.** — **Châteaulin** (Pontrey, Crozon, Morgat).

HOTELS DE LA COMPAGNIE D'ORLÉANS à VIC-SUR-CÈRE et au LIORAN (Cantal)

Ouverts du 1er juin au 5 octobre pour Vic-sur-Cère et du 1er juin au 15 octobre pour le Lioran.

L'hôtel de Vic est au milieu d'un parc clos et boisé, de six hectares, à côté d'une forêt. — Altitude 730 mètres au-dessus du niveau de la mer. — Voisin de l'Etablissement hydrothérapique et de la source minérale. — Distribution à tous les étages d'eau potable reconnue de pureté exceptionnelle par l'Institut Pasteur — Splendide vue sur la vallée de la Cère et sur la montagne. — Jeu de lawn-tennis. — Télégraphe à la station et à la ville. — Location de voitures pour excursions. — La ville de Vic-sur-Cère, chef-lieu de canton, compte 1 700 habitants. — Eglise.

Un hôtel un peu plus petit, mais aussi confortable, est établi tout près de la station du Lioran, au milieu d'une forêt de sapins et de hêtres ; c'est un point tout indiqué pour une cure d'air et d'altitude (1 150 mètres) ; une grande route nationale parfaitement entretenue passe devant l'hôtel.

Le Lioran est le centre de toute une série d'excursions et d'ascensions d'accès facile et qui peuvent être faites en une journée, aller et retour.

BILLETS D'ALLER ET RETOUR DE FAMILLE

Pour les stations thermales de Chamblet-Néris (**NÉRIS-LES-BAINS**) ÉVAUX-LES-BAINS. Moulins (**BOURBON-L'ARCHAMBAULT**). Saint-Gervais-Chateauneuf (**CHATEAUNEUF-LES-BAINS**), **LA BOURBOULE, LE MONT DORE, ROYAT**, Rocamadour (**MIERS**), **VIC-SUR-CÈRE**, Le Lioran — *Tarif G. V. n° 6 (Orléans).*

Réduction de 50 0/0 pour chaque membre de la famille en plus du deuxième.

Il est délivré, du **15 mai au 15 septembre**, aux familles d'au moins trois personnes payant place entière et voyageant ensemble, des *Billets d'aller et retour de famille* en 1re, 2e et 3e classes au départ de toutes les gares du réseau, pour les stations ci-dessus indiquées distantes d'au moins 125 kilomètres de la gare de départ

Il peut être délivré au chef de famille titulaire d'un Billet de famille et en même temps que ce billet **une carte d'identité**, sur la présentation de laquelle il sera admis à voyager isolément à moitié prix du Tarif général, pendant la durée de la villégiature de la famille, entre le lieu de départ et le lieu de destination mentionnés sur le billet.

Exceptionnellement, le chef de famille peut être autorisé à revenir seul à son point de départ, à la condition d'en faire la demande en même temps que celle du billet. Dans ce cas, il lui est délivré un coupon spécial pour son voyage de retour, lequel doit être signé du titulaire avant usage

La durée de validité des billets à compter du jour du départ, ce jour non compris, est de 33 jours

Cette durée peut être prolongée une ou plusieurs fois d'une période de 13 jours, moyennant supplément

BILLETS D'ALLER ET RETOUR DE FAMILLE

Pour les stations thermales et hivernales des Pyrénées et du golfe de Gascogne, Arcachon, Biarritz, Dax, Pau, Salies-de-Béarn etc. — Tarif spécial G V n° 106 (Orléans)

Des Billets aller et retour de famille, de 1re, 2e et 3e classes, sont délivrés, toute l'année, à toutes les stations du réseau d'Orléans, pour :

Agde (le Grau), **Alet, Amélie-les-Bains, Arcachon, Argelès-Gazost, Argelès-sur-Mer, Arles-sur-Tech** (La Preste), **Arreau-Cadéac** (Vielle-Aure), **Ax-les-Thermes, Bagnères-de-Bigorre, Bagnères-de-Luchon, Balaruc-les-Bains, Banyuls-sur-Mer, Barbotan, Biarritz, Boulou-Perthus** (Le), **Cambo-les-Bains, Capvern, Cauterets, Collioure, Couiza Montazels** (Rennes-les-Bains), **Dax, Espéraza** (Campagne-les-Bains), **Gamarde, Grenade-sur-l'Adour** (Eugénie-les-Bains), **Guéthary** (halte), **Gujan-Mestras, Hendaye, Labenne** (Capbreton), **Laboubeyre** (Mimizan). **Laluque** (Préchacq-les-Bains), **Lamalou-les-Bains, Laruns-Eaux-Bonnes** (Eaux-Chaudes), **Leucate** (la Franqui), **Lourdes, Loures-Barbazan, Luz St-Sauveur** (Barèges, St-Sauveur), **Marignac-St-Béat** (Les, Val d'Aran), **Nouvelle** (La), **Oloron-Sainte-Marie** (St-Christau), **Pau, Pierrefitte-Nestalas, Port Vendres, Prades** (Molitg), **Quillan** (Ginoles, Carcanieres, Escouloubre, Usson-les-Bains), **St-Flour** (Chaudesaigues), **Saint-Gaudens** (Encausse, Gantiès), **Saint-Girons** (Audinac, Aulus), **Saint-Jean-de-Luz, Saléchan** (Ste Marie, Siradan), **Salies-de-Béarn, Salies-du-Salat, Ussat-les-Bains** et **Villefranche de-Conflent** (Le Vernet, Thuès, Les Escaldas, Grafis-de-Canaveilles)

Avec les réductions suivantes, calculées sur les prix du Tarif général d'après la distance parcourue sous réserve que cette distance, aller et retour compris, sera d'au moins 300 kilomètres

Pour une famille de 2 pers. 20 0/0, 3 pers. 25 0/0, 4 pers. 30 0/0, 5 pers. 35 0/0, 6 pers ou plus 40 0/0

DURÉE DE VALIDITÉ : 33 JOURS (Non compris les jours de départ et d'arrivée)

CHEMINS DE FER DU MIDI

VOYAGES CIRCULAIRES

PARIS — CENTRE DE LA FRANCE — PYRÉNÉES

3 voyages différents au choix du voyageur. — Billets délivrés toute l'année aux prix uniformes ci-après pour les 3 itinéraires : 1re cl., 163 fr. 50. — 2e cl., 122 fr. 50. — Durée : 30 jours, non compris celui du départ.

Faculté de prolongation moyennant supplément de 10 0/0.

VOYAGES CIRCULAIRES A PRIX RÉDUITS

EN PROVENCE ET AUX PYRÉNÉES

PRIX
- 1er, 2e et 3e parcours. . . .   68 fr. en 1re cl. ; 51 fr. en 2e cl.
- 4e, 5e, 6e et 7e parcours . .   91 fr.   —   68 fr.   —
- 8e parcours . . . .   114 fr.   —   87 fr.   —

Le 8e parcours peut, au moyen de billets spéciaux d'aller et retour à prix réduits de ou pour Marseille, s'étendre de Marseille sur le littoral jusqu'à Hyères, Cannes, Nice ou Menton, etc., au choix du voyageur.

Durée : 20 jours pour les 7 premiers parcours et 25 jours pour le 8e.

Faculté de prolongation moyennant supplément de 10 0/0.

BILLETS D'ALLER ET RETOUR INDIVIDUELS

POUR LES STATIONS THERMALES ET BALNÉAIRES DES PYRÉNÉES

Billets délivrés toute l'année avec réduction de 25 0/0 en 1re classe et 20 0/0 en 2e et 3e classes dans les gares des réseaux du Nord (Paris Nord excepté), de l'Etat, d'Orléans et dans les gares du Midi situées à 50 kilomètres au moins de la destination. — Durée : 33 jours, non compris les jours de départ et d'arrivée.

Faculté de prolongation moyennant supplément de 10 0/0.

Ces billets doivent être demandés 3 jours à l'avance à la gare de départ.

Un arrêt facultatif est autorisé à l'aller et au retour pour tout parcours de plus de 400 kilomètres, et 2 arrêts pour les parcours supérieurs à 700 kilomètres.

BILLETS DE FAMILLE

POUR LES STATIONS THERMALES ET BALNÉAIRES DES PYRÉNÉES

Billets délivrés toute l'année dans les gares des réseaux du Nord (Paris-Nord excepté), de l'Etat, d'Orléans, du Midi et Paris-Lyon-Méditerranée, suivant l'itinéraire choisi par le voyageur, et avec les réductions suivantes sur les prix du tarif général pour un parcours (aller et retour compris) d'au moins 300 kilomètres. — Pour une famille de deux personnes, 20 0/0 ; de trois, 25 0/0 ; de quatre, 30 0/0 ; de cinq, 35 0/0 ; de six ou plus, 40 0/0.

Exceptionnellement, pour les parcours empruntant le réseau de Paris-Lyon-Méditerranée, les billets ne sont délivrés qu'aux familles d'au moins quatre personnes, et le prix s'obtient en ajoutant au prix de six billets simples ordinaires le prix d'un de ces billets pour chaque membre de la famille en plus de trois.

Arrêts facultatifs sur tous les points du parcours désignés sur la demande.

Durée : 33 jours, non compris les jours de départ et d'arrivée.

Faculté de prolongation moyennant supplément de 10 0/0.

Ces billets doivent être demandés au moins 4 jours à l'avance à la gare de départ.

AVIS. — *Un livret indiquant en détail les conditions dans lesquelles peuvent être effectués les divers voyages d'excursions, de famille, etc., sera envoyé gratuitement à toute personne qui fera parvenir au service commercial de la Compagnie, boulevard Haussmann, 54, à Paris (IXe arr.), le montant de l'affranchissement dudit livret, soit 25 centimes.*

BAINS DE MER

ET EAUX THERMALES

Billets d'Aller et Retour

A PRIX RÉDUITS

Délivrés jusqu'au 31 Octobre

DE PARIS AUX GARES SUIVANTES

De Paris aux gares suivantes	BILLETS de 4 jours (dimanches et fêtes non compris)		BILLETS de 10 jours (jour de la délivrance non compris)		BILLETS de 33 jours (jour de la délivrance non compris) [3]		
	1re cl.	2e cl.	1re cl.	2e cl.	1re cl.	2e cl.	3e cl.
	fr. c	fr. c	fr. c	fr. c	fr. c	fr. c	fr. c
Dieppe — Pourville, Puys, Berneval	26 »	17 50	30 10	20 30	»	»	»
Petit-Appeville (halte) — Pourville	26 50	18 »	30 80	20 80	»	»	»
Ouville-la-Rivière — Quiberville	28 50	19 »	32 80	22 15	»	»	»
Touffreville-Criel	29 »	19 50	34 10	22 95	»	»	»
Eu — Bois-de-Cise, Le Bourg-d'Ault, Onival	29 »	19 50	35 85	24 15	»	»	»
Le Tréport-Mers	29 50	20 »	35 85	24 15	»	»	»
Saint-Valery-en-Caux — Veules	29 »	19 50	35 85	24 15	»	»	»
Cany — Veulettes, Les Petites-Dalles, les Grandes-Dalles	29 »	19 50	35 10	23 70	»	»	»
Fécamp — Grainval, Saint-Pierre-en-Port	30 »	21 50	35 85	24 15	»	»	»
Froberville-Yport	30 »	21 50	35 85	24 15	»	»	»
Les Loges-Vaucottes-sur-Mer — Vattetot-sur-Mer	30 »	22 »	35 85	24 15	»	»	»
Etretat — Bruneval	30 »	22 »	36 05	24 35	»	»	»
Le Havre — Sainte-Adresse, Bruneval	30 »	22 »	35 85	24 15	»	»	»
Caen	30 »	22 »	37 45	25 25	»	»	»
Honfleur (via Lisieux)	30 »	22 »	36 55	24 65	»	»	»
Trouville-Deauville (via Lisieux) — Villerville	30 »	21 50	35 85	24 15	»	»	»
Blonville (halte) (via Lisieux)	30 »	21 50	35 85	24 15	»	»	»
Villers-sur-Mer (via Lisieux)	30 »	22 »	35 90	24 20	»	»	»
Beuzeval-Houlgate (via Lisieux-Pont-l'Evêque ou via Mésidon)	33 »	23 »	37 30	25 20	»	»	»
Dives-Cabourg (via Lisieux-Pont-l'Evêque ou via Mésidon) — Le Home-Varaville	33 »	23 »	37 80	25 50	»	»	»
Luc — Lion-sur-Mer. — Langrune. — Saint-Aubin { Ces prix compr. le parcours total en chemin de fer.	34 »	25 »	41 45	28 25	»	»	»
Bernières — Courseulles, Ver-s.-Mer	36 »	26 »	42 45	29 25	»	»	»
Bayeux — Arromanches, Port-en-Bessin, Saint-Laurent-sur-Mer, Asnelles	36 »	26 »	42 20	28 50	»	»	»
Le Molay-Littry — Vierville-sur-Mer, St-Laurent-sur-Mer	38 »	28 »	44 40	29 95	»	»	»
Isigny-sur-Mer — Grandcamp-les-Bains	40 »	30 »	48 45	32 70	»	»	»
Montebourg { Quinéville, Saint-Vaast-la-Hougue, Barfleur (parcours par le chemin départemental de Montebourg et Valognes à Barfleur, non compris dans le prix du billet)	45 »	32 50	52 50	35 50	»	»	»
Valognes	45 »	33 50	53 75	36 35	»	»	33 »
Cherbourg	50 »	36 »	»	»	»	»	33 »
Coutances — Agon, Coutainville, Regnéville	45 50	33 50	53 50	36 10	»	»	33 »
Regnéville (via Folligny ou via Lison)	45 »	33 50	53 60	36 20	»	»	33 »
Montmartin-sur-Mer (via Folligny ou via Lison)	45 »	33 50	53 15	35 90	58 »	37 80	33 »
Denneville (halte)	50 »	33 50	53 95	36 40	»	»	33 »
Port-Bail	50 »	34 »	54 60	36 80	»	»	33 »
Barneville (halte)	50 »	34 50	55 50	37 45	»	»	33 »
Carteret	50 »	35 »	»	»	»	»	33 »
Granville — Donville, Saint-Pair, Bouillon-Jullouville	45 »	32 »	51 45	34 70	»	»	»
Montviron-Sartilly — Carolles, Saint-Jean-le-Thomas	45 »	31 50	50 45	34 10	»	»	»
La Gouesnière-Cancale	»	»	»	»	»	»	33 »
Saint-Malo-Saint-Servan — Paramé, Rothéneuf	»	»	»	»	»	»	33 »
Dinard — Saint-Enogat, Saint-Lunaire, Saint-Briac, Lancieux	»	»	»	»	»	»	33 »
Plancoët — La Garde-Saint-Cast, Saint-Jacut-de-la-Mer	»	»	»	»	»	»	33 »
Lamballe — Pléneuf, Le Val-André, Erquy	»	»	»	»	57 50	38 85	33 »
Saint-Brieuc — Binic, Etables, Portrieux, Saint-Quay	»	»	»	»	60 20	40 65	33 »
Plounérin — Saint-Efflam-en-Plestin	»	»	»	»	68 95	46 55	33 »
Lannion — Perros-Guirec, Trégastel-les-Grèves, Trébeurden	»	»	»	»	70 »	47 25	33 »
Morlaix — Saint-Jean-du-Doigt, Plougasnou-Primel	»	»	»	»	72 15	48 70	33 »
Landerneau — Brignogan	»	»	»	»	77 55	52 35	34 15
Brest	»	»	»	»	80 10	54 05	35 20
Paimpol	»	»	»	»	69 20	48 70	33 »
Saint-Pol-de-Léon	»	»	»	»	75 »	50 60	33 »
Roscoff — Ile de Batz	»	»	»	»	75 95	51 25	33 40
Saint-Nazaire	»	»	»	»	59 70	40 30	30 65
Ile de Jersey — Saint-Aubin, Sainte-Brelade, Saint-Clément, Saint-Hélier, Gorey	»	»	»	»	»	»	»
EAUX THERMALES { [2] Forges-les-Eaux (Seine-Inférieure), ligne de Dieppe par Gournay	18 »	12 »	»	»	»	»	»
[1] Bagnoles-Tessé-la-Madeleine, par Briouze	36 »	24 »	38 60	26 25	»	»	»

1. La durée de validité des billets de 10 jours pour Bagnoles est exceptionnellement portée à 25 jours (jour de la délivrance non compris)

2. Les billets pour Forges-les-Eaux ne sont valables que 3 jours (dimanches et fêtes non compris).

3. Les billets de 33 jours peuvent être prolongés d'une ou de deux périodes de 30 jours, moyennant un supplément de 10 0/0 par période; ils donnent droit à un arrêt de 45 heures à l'aller et au retour à une gare quelconque de l'itinéraire suivi

Les prix indiqués ci-dessus ne comprennent pas les services effectués, soit par services de correspondance, soit sur les lignes de Montebourg et Valognes à Barfleur

CHEMINS DE FER DE L'OUEST

Excursions sur les Côtes de Normandie, en Bretagne et à l'Ile de Jersey

BILLETS CIRCULAIRES valables pendant un mois (1) :

1re CLASSE **50 fr.**   **1er ITINÉRAIRE**   **2e CLASSE** **40 fr.**

Paris — Rouen — Le Havre par ch. de fer, ou Rouen — Le Havre par bateau — Fécamp — Étretat — Dieppe — Le Tréport — Paris.

1re CLASSE **50 fr.**   **2e ITINÉRAIRE**   **2e CLASSE** **40 fr.**

Paris — Rouen — Dieppe — Rouen — Fécamp — Étretat — Le Havre — Honfleur ou Trouville-Deauville — Caen — Évreux — Paris.

1re CLASSE **70 fr.**   **3e ITINÉRAIRE**   **2e CLASSE** **55 fr.**

Paris — Rouen — Dieppe — Rouen — Fécamp — Etretat — Le Havre — Honfleur ou Trouville-Deauville — Caen — Cherbourg — Evreux — Paris.

1re CLASSE **80 fr.**   **4e ITINÉRAIRE**   **2e CLASSE** **60 fr.**

Paris — Dreux — Granville — Le Mont-Saint-Michel — Saint-Malo-Saint-Servan (Paramé) — Dinard — Dinan (2) — Rennes — Vitré — Fougères — Le Mans — Chartres — Paris.

1re CLASSE **90 fr.**   **5e ITINÉRAIRE**   **2e CLASSE** **70 fr.**

Paris — Evreux — Caen — Cherbourg — Saint-Lô ou Carteret — Granville — Le Mont-Saint-Michel — Saint-Malo-Saint-Servan (Paramé) — Dinard — Dinan (2) — Rennes — Vitré — Fougères — Le Mans — Chartres — Paris.

1re CLASSE **90 fr.**   **5 bis ITINÉRAIRE**   **2e CLASSE** **70 fr.**

Paris — Rouen — Dieppe — Rouen — Fécamp — Etretat — Le Havre — Honfleur

ou Trouville-Deauville — Cabourg — Caen — Cherbourg — Saint-Lô ou Carteret — Granville — Dreux — Paris.

1re CLASSE **105 fr.**   **6e ITINÉRAIRE**   **2e CLASSE** **90 fr.**

Paris — Rouen — Dieppe — Rouen — Fécamp — Etretat — Le Havre — Honfleur ou Trouville-Deauville — Caen — Cherbourg — Saint-Lô ou Carteret — Granville — Le Mont-Saint-Michel — Saint-Malo-Saint-Servan (Paramé) — Dinard — Dinan (2) — Rennes — Vitré — Fougères — Le Mans — Chartres — Paris.

1re CLASSE **105 fr.**   **7e ITINÉRAIRE**   **2e CLASSE** **90 fr.**

Paris — Dreux — Granville — Le Mont-Saint-Michel — Saint-Malo-Saint-Servan (Paramé) — Dinard — Dinan — Saint-Brieuc — Paimpol — Lannion — Morlaix — Carhaix — Roscoff — Brest — Rennes — Vitré — Fougères — Le Mans — Chartres — Paris.

1re CLASSE **115 fr.**   **8e ITINÉRAIRE**   **2e CLASSE** **100 fr.**

Paris — Évreux — Caen — Cherbourg — Saint-Lô ou Carteret — Granville — Le Mont-Saint-Michel — Saint-Malo-Saint-Servan (Paramé) — Dinard — Dinan — Saint-Brieuc — Paimpol — Lannion — Morlaix — Carhaix — Roscoff — Brest — Rennes — Vitré — Fougères — Le Mans — Chartres — Paris.

1re CLASSE **96 fr.**   **9e ITINÉRAIRE**   **2e CLASSE** **71 fr.**

Paris — Dreux — Granville — Jersey (St-Hélier) — Saint-Malo-Saint-Servan (Paramé) — Le Mont-Saint-Michel — Saint-Malo-Servan — Dinard — Dinan — Saint-Brieuc — Rennes — Vitré — Fougères — Le Mans — Chartres — Paris.

Le 10e itinéraire a pour point de départ Caen.

(1) La durée de ces billets peut être prolongée d'un mois, moyennant la perception d'un supplément de 10 p. 100, si la prolongation est demandée, aux principales gares dénommées aux itinéraires, pour un billet non périmé.

(2) Lamballe ou Saint-Brieuc moyennant supplément.

Le trajet entre Brest et Saint-Valery-en-Caux, Fécamp et Le Havre, par chemin de fer, prévu dans les itinéraires nos 2, 3, 6 et 7, peut être remplacé par celui de Rouen au Havre par bateau à vapeur, à la volonté des voyageurs.

CHEMINS DE FER DE L'OUEST ET DU LONDON BRIGHTON

PARIS A LONDRES par Rouen, Dieppe et Newhaven

SERVICES RAPIDES DE JOUR ET DE NUIT

Tous les jours (*y compris les dimanches et fêtes*) et toute l'année.

Départs de PARIS Saint-Lazare à 10 h. m. et 9 h. s. — Départs de LONDRES à 10 h. m. et 9 h. 40 s.

Billets simples, valables pendant 7 jours			Billets d'aller et retour, valables 1 mois :		
1re CLASSE	2e CLASSE	3e CLASSE	1re CLASSE	2e CLASSE	3e CLASSE
43 fr. 25	32 fr. »	23 fr. 25	72 fr. 75	52 fr. 75	41 fr. 60

MM. les Voyageurs, effectuant DE JOUR la traversée de Dieppe à Newhaven, auront à payer une surtaxe de 5 fr par billet simple et de 10 fr. par billet d'aller et retour en 1re classe; de 3 fr. par billet simple et de 6 fr. par billet d'aller et retour en 2e classe.

NOTA. — Les trains du service de jour entre Paris et Dieppe (et vice versa) comportent des voitures de 1re classe et de 2e classe à couloir avec W.-C. et toilette ainsi qu'un vagon-restaurant ; ceux du service de nuit comportent des voitures à couloir des trois classes avec W.-C. et toilette.

La voiture de 1re classe à couloir des trains de nuit comporte des compartiments à couchettes (supplément de 5 fr. par place). Les couchettes peuvent être retenues à l'avance aux gares de Paris et de Dieppe moyennant une surtaxe de 1 fr. par couchette.

CHEMIN DE FER DU NORD

Paris à Londres

5 services rapides quotidiens dans chaque sens, *via* CALAIS ou BOULOGNE. — Durée du trajet : 6 heures 45. Traversée maritime en 1 heure. Voie la plus rapide.

Paris à Londres	1re, 2e, 3e cl.	1re, 2e classe	1re, 2e classe	1re, 2e, 3e cl.	1re, 2e classe	1re, 2e, 3e cl.	Londres à Paris	1re, 2e classe	1re, 3e, 3e cl.	1re, 2e classe	1re, 2e classe	1re, 2e, 3e cl.	1re, 2e, 3e cl.
	mat.	mat.	mat.	soir	soir	soir		mat.	mat.	mat.	soir	soir	soir
Paris-Nord, dép..	8 40	9 45	11 35	2 40	4 •	9 •	Londres, dép...	9 •	10 •	11 •	2 20	2 20	9 •
Londres, arr...	3 45	4 50	7 •	10 45	10 45	5 30	Paris-Nord, arr..	4 45	6 5	6 55	9 15	11 45	5 50
	soir	soir	soir	soir	soir	mat.		soir	soir	soir	soir	soir	mat.

Services officiels de la poste, *via* Calais, assurés chaque jour par 3 express ou rapides dans chaque sens, partant respectivement de Paris-Nord à 8 h. 40 et 11 h. 35 du matin et 9 h. du soir.
Malle de l'Inde toutes les semaines à l'aller et au retour.
Péninsulaire-Express toutes les semaines de Londres à Brindisi par Calais et Modane.

PRIX DES BILLETS ENTRE PARIS ET LONDRES

DIRECTIONS	BILLETS SIMPLES valables pendant 7 jours (Droits de port compris)			BILLETS d'ALLER et RETOUR valables pendant 1 mois soit par Boulogne, soit par Calais (Droits de port compris)		
	1re classe	2e classe	3e classe	1re classe	2e classe	3e classe
Amiens, Boulogne, Folkestone.....	62 fr. 50	43 fr. 85	26 fr. 35	118 fr. 45	86 fr. 05	49 fr. 90
Amiens, Calais, Douvres........	70 fr. 15	48 fr. 90	32 fr. •			
Amiens, Boulogne, Folkestone (exclusivement.............	•	•	•	109 fr. 85	78 fr. 80	46 fr. 70

Pour droit de timbre, 10 centimes pour les billets au-dessus de 10 francs.

Paris, Bruxelles et la Hollande

5 express dans chaque sens entre Paris et Bruxelles. Trajet en 4 heures 1/2. — 3 express dans chaque sens entre Paris et Amsterdam. Trajet en 9 heures.

Paris vers Bruxelles et la Hollande	1re, 2e classe	1re, 2e classe	1re, 2e classe	1re classe	1re, 2e classe	La Hollande et Bruxelles vers Paris	1re classe	1re, 2e, 3e cl.	1re, 2e classe	1re, 2e classe	1re, 2e classe
	mat.		soir	soir	soir		mat.	mat.	mat.	soir	soir
Paris-Nord, dép.....	8 25	mid 40	3 40	6 20	11 •	Amsterdam, dép.....	•	•	8 26	mid 42	6 13
Bruxelles, arr.....	mid 58	5 11	10 16	11 15	5 17	Bruxelles, dép.....	8 21	8 57	mid 59	6 14	min 10
Amsterdam, arr.....	5 44	10 16	•	•	11 14	Paris-Nord, arr.....	mid 50	3 50	5 42	11 •	5 49
	soir	soir			mat.		soir	soir	soir	soir	mat.

Paris, l'Allemagne et la Russie

5 express sur Cologne. Trajet en 8 heures. — 4 express sur Francfort-sur-Mein. Trajet en 12 heures.
4 express sur Berlin. Trajet en 18 heures. — Par le Nord-Express, trajet en 17 heures.
2 express sur Saint-Pétersbourg. Trajet en 51 heures.
Par le Nord-Express bihebdomadaire. Trajet en 46 heures.
2 express sur Moscou. Trajet en 62 heures.

Paris, le Danemark, la Suède et la Norvège

2 express sur Copenhague. Trajet en 28 heures. — 2 express sur Christiania. Trajet en 53 heures.
2 express sur Stockholm. Trajet en 43 heures.

Avis important. — Les renseignements ci-dessus sont ceux du service d'hiver 1902-1903, prenant fin en mai. — A partir de cette époque, MM. les Voyageurs sont priés de consulter les indicateurs spéciaux.

CHEMIN DE FER DU NORD

Saison des Bains de mer — Billets à prix réduits

Pendant la saison, de la veille de la fête des Rameaux au 31 octobre, *toutes les gares du Chemin de fer du Nord* délivrent des billets de Bains de mer de 1re, 2e et 3e classes à destination des stations balnéaires suivantes : BERCK (station du chemin de fer d'intérêt local) *via* Montreuil-sur-Mer ou *via* Rang-du-Fliers-Verton, BOULOGNE-VILLE ou TINTELLERIES (Le Portel), CALAIS-VILLE, CAYEUX (station du chemin de fer d'intérêt local) *via* Saint-Valery-sur-Somme, QUEND-FORT-MAHON (plages de Quend et de Fort-Mahon), CONCHIL-LE-TEMPLE (Fort-Mahon), DANNES-CAMIERS (plages Sainte-Cécile et Saint-Gabriel), DUNKERQUE (plages de Malo-les-Bains et Rosendaël), ÉTAPLES, Paris-Plage, (station du chemin de fer électrique) *via* Étaples, EU (plages du Bourg-d'Ault et d'Onival), GRAVE-LINES (Petit-Fort-Philippe), GHYVELDE (Bray-Dunes), LE CROTOY (station du chemin de fer d'intérêt local) *via* Noyelles, LEFFRINCKOUCKE (MALO-TERMINUS), LE TRÉPORT-MERS, LOON-PLAGE, MARQUISE-RINXENT (plage de Wissant), SAINT-VALERY-SUR-SOMME, WIMILLE-WIMEREUX (plages de Wimereux, Audresselles et Ambleteuse), WOINCOURT (plages du Bourg-d'Ault et d'Onival), ZUYDCOOTE (Nord-Plage).

Il existe trois catégories de billets (*), savoir :

1° **Billets de saison** de 1re, 2e et 3e classes, valables pendant 33 jours, non compris le jour de l'émission, avec facilité de prolongation pendant plusieurs périodes de 15 jours (1), sous condition d'effectuer un parcours minimum de 100 kil. aller et retour. Ces billets, créés pour les familles, sont *nominatifs et collectifs*. Il est accordé une *réduction de 50 0/0* à chaque membre de la famille en plus du troisième. Les billets dont il s'agit doivent être demandés au moins 4 jours à l'avance à la gare où le voyage doit être commencé.

2° **Billets hebdomadaires** et carnets d'aller et retour de 1re, 2e et 3e classes. Les billets hebdomadaires sont valables pendant 5 jours, du vendredi au mardi et de l'avant-veille au surlendemain des fêtes légales. Ces billets et carnets sont individuels. Les prix varient selon la distance et présentent des *réductions de 25 à 40 0/0*. Les carnets contiennent 5 billets d'aller et retour et peuvent être utilisés à une date quelconque dans le délai de 33 jours, non compris le jour de distribution.

3° **Billets d'excursion** de 2e et 3e classes, les dimanches et jours de fêtes légales, valables pendant une journée. Ces billets sont ou individuels, ou de famille. — Les prix réduits des billets individuels sont indiqués dans le tableau ci-dessous. — Pour les *familles* (ascendants et descendants), il est accordé une nouvelle réduction sur le prix des billets individuels d'excursion, allant de 5 à 25 0/0, selon que la famille se compose de 2, 3, 4, 5 personnes et plus.

Les billets de saison et les billets hebdomadaires sont valables dans les mêmes trains et aux mêmes conditions que les billets ordinaires du service intérieur.

Les billets d'excursion ne sont valables que dans des **trains spéciaux** ou dans des **trains du service ordinaire** désignés à cet effet par la Compagnie.

Cartes d'abonnement de 1re, 2e et 3e classes, valables pendant 33 jours, et comportant une réduction de 20 0/0 sur le prix des abonnements ordinaires d'un mois. Ces cartes ne sont délivrées qu'à toute personne qui prend deux billets ordinaires au moins ou un billet de saison pour les membres de sa famille ou domestiques, allant séjourner sous le même toit dans une station balnéaire désignée ci-dessus.

(*) Ces billets sont personnels et ne peuvent être vendus sous peine de poursuites judiciaires.
(1) Cette prolongation est faite, au retour, par les soins de la gare de départ, avant l'expiration de la première période, moyennant le supplément de 10 0/0 du prix total des billets.

Les prix au départ de Paris, pour les trois catégories, sont les suivants.

Prix des billets (2) de saison, hebdomadaires et d'excursion

DE PARIS AUX STATIONS BALNÉAIRES CI-DESSOUS	Billets de saison collectifs de famille VALABLES PENDANT 33 JOURS — Prix pour 3 personnes			Prix pour chaque personne en plus			BILLETS HEBDOMADAIRES Prix par personne (9)			BILLETS d'excursion Prix par personne (*)	
	1re cl.	2e cl.	3e cl.	1re cl.	2e cl.	3e cl.	1re cl.	2e cl.	3e cl.	2e cl.	3e cl.
Berck	149 40	101 40	66 30	25 60	17 45	11 45	31 »	24 15	17 »	11 15	7 35
Boulogne (ville)	170 70	115 20	75 »	28 45	19 20	12 60	34 »	25 70	18 90	11 10	7 30
Calais (ville)	198 30	133 60	87 30	33 05	22 50	14 65	37 90	29 »	21 85	12 35	8 10
Cayeux	137 55	93 60	61 20	24 »	16 45	10 80	29 30	23 05	15 95	11 »	7 25
Quend-Fort-Mahon	137 70	93 »	60 60	22 95	15 60	10 10	28 30	22 15	15 45	9 60	6 25
Conchil-le-Temple	140 40	94 80	61 80	23 40	15 80	10 30	28 80	22 50	15 75	9 75	6 35
Dannes-Camiers	157 20	106 20	69 30	26 20	17 70	11 55	31 70	24 40	17 60	10 50	6 85
Dunkerque	204 90	138 30	90 80	34 15	23 05	15 05	38 85	29 05	22 60	12 50	8 20
Étaples	152 40	102 90	67 20	25 40	17 15	11 20	30 90	23 95	17 »	10 35	6 75
Eu	120 90	81 60	53 10	20 15	13 60	8 85	25 40	20 10	13 70	8 85	5 75
Gravelines	204 90	134 20	90 30	34 15	23 05	15 05	38 85	29 05	22 60	12 50	8 20
Ghyvelde	213 »	143 70	93 00	35 60	23 05	15 60	39 95	31 15	23 40	12 50	8 20
Le Crotoy	131 25	89 10	58 20	22 60	15 40	10 10	27 90	21 95	15 15	10 25	6 75
Leffrinckoucke (Plage de Malo-Terminus)	200 10	141 »	92 10	34 85	23 50	15 85	39 40	30 55	23 05	12 50	8 20
Le Tréport-Mers	123 »	83 10	54 »	20 50	13 85	9 »	25 75	20 35	13 90	9 »	5 85
Loon-Plage	204 30	138 »	90 »	34 05	23 »	15 »	38 75	29 90	22 50	12 50	8 20
Marquise-Rinxent	182 10	123 »	80 10	30 35	20 50	13 85	35 00	26 80	20 05	11 75	7 70
Noyelles	126 90	85 80	55 80	21 15	14 30	9 30	26 45	20 85	14 85	9 15	5 95
Saint-Valery-sur-Somme	131 10	88 50	57 60	21 85	14 75	9 60	27 15	21 85	14 75	9 70	6 05
Wimille-Wimereux	174 60	117 »	76 80	29 10	19 65	12 80	34 65	26 10	19 30	11 25	7 40
Woincourt	126 90	85 80	55 80	21 15	14 30	9 30	26 45	20 85	14 85	9 15	5 95
Zuydcoote	211 80	142 80	93 »	35 80	23 80	15 80	39 80	30 95	23 25	12 50	8 20
Paris-Plage	156 »	105 90	70 20	26 00	18 15	12 80	32 10	24 95	18 »	11 35	7 75

(*) Sur les prix afférents au parcours de la Compagnie du Nord, une nouvelle réduction de 5 à 25 0/0 est faite sur les billets collectifs de famille, selon que la famille est composée de 2 à 5 personnes et au delà.
(2) Ces prix ne comprennent pas les 10 centimes de droit de timbre pour les sommes supérieures à 10 francs.

CHEMINS DE FER DE L'ÉTAT

BILLETS DE BAINS DE MER
Valables 33 jours non compris le jour du départ

Billets d'aller et retour, à validité prolongeable, délivrés du Samedi, veille de la fête des Rameaux, au 31 Octobre.

1° — BILLETS DE BAINS DE MER
AU DÉPART DE PARIS

de PARIS (Montparnasse) ou de PARIS (quai d'Orsay, Pont-Saint-Michel ou Austerlitz) aux gares ci-après et retour.	PRIX ALLER ET RETOUR					
	SECTION I sans faculté d'arrêt aux gares intermédiaires.			SECTION II § 1. Faculté d'arrêt entre CHARTRES ou TOURS et la station balnéaire.		
	1re Cl.	2e Cl.	3e Cl.	1re Cl.	2e Cl.	3e Cl.
Royan	71 80	52 40	38 10	80 65	61 20	43 50
La Tremblade (Ronce-les-Bains)	74 25	55 20	39 »	83 80	63 30	45 55
Le Chapus	67 20	49 10	35 »	77 05	58 20	40 »
Le Chateau-Quai (Ile d'Oléron)	68 70	50 60	36 20	78 55	59 70	41 20
Marennes	66 25	48 35	34 50	76 10	57 50	39 45
Fouras	63 90	46 50	33 20	73 75	55 75	37 90
Chatelaillon	62 33	46 10	32 40	71 93	55 25	37 05
Angoulins-sur-Mer	61 80	45 70	32 15	71 35	55 75	36 70
La Rochelle	61 10	45 10	31 80	70 50	54 20	36 30
La Pallice-Rochelle (Ile de Ré)	61 95	45 75	32 20	71 50	54 95	36 80
L'Aiguillon-Port { Vid Chantounay-Transit.	59 40	45 60	31 75	67 60	54 50	35 75
L'Aiguillon-Port { Vid Luçon-Transit	61 35	45 93	32 25	70 40	53 95	36 65
La Tranche { Vid Chantonnay-Transit.	61 90	48 10	34 25	70 10	57 »	38 25
La Tranche { Vid Luçon-Transit	63 85	48 45	34 75	72 90	58 45	39 15
Les Sables-d'Olonne	62 60	46 30	32 55	72 25	56 93	37 20
Saint-Gilles-Croix-de-Vie	64 55	46 55	32 70	74 50	57 30	37 35

De PARIS-MONTPARNASSE ou SAINT-LAZARE
aux gares ci-après et retour

§ 2. Faculté d'arrêt entre Sainte-Pazanne incl. et la station balnéaire.

	1re Cl.	2e Cl.	3e Cl.	1re Cl.	2e Cl.	3e Cl.
Challans (Ile de Noirmoutier, Ile d'Yeu, Saint-Jean-de-Monts)	63 35	44 65	31 35	71 35	50 65	33 35
Bourgneuf-en-Rets	58 50	42 90	30 10	66 50	48 90	34 10
Les Moutiers	58 50	43 30	30 40	66 50	49 30	34 50
La Bernerie	58 30	43 55	30 60	66 50	49 55	34 60
Pornic (Ile de Noirmoutier) (1)	58 80	44 30	31 15	66 80	50 30	35 15
St-Père-en-Rets (St-Brevin-l'Océan)	58 50	43 30	30 65	66 50	49 30	34 65
Paimbœuf (Saint-Brevin-l'Océan.)	59 05	43 30	30 80	67 05	49 80	34 80

2° — BILLETS DE BAINS DE MER
AU DÉPART DES GARES AUTRES QUE PARIS, VALABLES 33 JOURS
non compris le jour du départ

Ces billets sont délivrés par toutes les gares, stations et haltes du réseau d'État (**Paris excepté**) pour toutes les stations balnéaires désignées ci dessus. Ils comportent les mêmes réductions de prix que les billets d'aller et retour ordinaires et donnent le droit de s'arrêter aux gares intermédiaires.

Dispositions spéciales au 1° et au 2°.

Enfants. — Les enfants de 3 à 7 ans paient moitié du prix des billets de bains de mer.
Prolongation de la durée de validité. — La durée de validité peut être prolongée de 30 jours, moyennant un supplément égal à 10 0/0 du prix du billet. Cette prolongation peut être accordée deux fois au plus ; le supplément à payer pour chaque prolongation de 30 jours est de 10 0/0 du prix primitif.

3° — BILLETS DE BAINS DE MER
A VALIDITÉ RÉDUITE, SANS FACULTÉ DE PROLONGATION

A) **Billets de toutes classes valables pendant 5 jours, du Vendredi de chaque semaine au Mardi suivant, ou de l'avant-veille au surlendemain d'un jour férié.** — Leurs prix sont ceux des billets simples augmentés d'un dixième avec minimum de perception, par place, de 12 fr. en 1re classe, 9 fr. en 2e classe et 5 fr. en 3e classe.
B) **Billets de 2e et de 3e classe délivrés par toutes les gares du réseau d'État situées au sud de la Loire valables un jour seulement : le Dimanche ou un jour férié.** — Leurs prix sont les deux tiers de ceux des billets de bains de mer de 33 jours, avec minimum de perception par place de 4 fr. en 2e classe et de 2 fr. 50 en 3e classe.
(Pour les conditions d'utilisation des billets de bains de mer, voir les Tarifs G. V. n°° 8 et 106.)
(1) Un service régulier de bateaux à vapeur est organisé entre Pornic et Noirmoutier pendant la période du 1er Juillet au 30 Septembre.

ABONNEMENTS DE BAINS DE MER

Des cartes d'abonnement de Bains de mer valables un mois trois mois ou six mois et comportant une réduction de 40 0/0 sur les prix des cartes ordinaires d'abonnement de même durée, sont délivrées chaque année à partir du samedi, veille de la fête des Rameaux, jusqu'au 31 octobre pour les cartes d'un ou trois mois, et jusqu'au 31 juillet pour les cartes de six mois Ces cartes ne sont délivrée qu'aux personnes qui prennent en même temps au moins trois billets ordinaires ou de bains de mer

(Pour les autres conditions, voir le Tarif spécial G. V. n° 3.)

BILLETS D'ALLER ET RETOUR DE FAMILLE

POUR LES VACANCES

Valables 33 jours, non compris le jour du départ.

Délivrés du samedi, veille des Rameaux, au lundi de Pâques inclus (sans prolongation), et du 1er juillet au 1er octobre, avec prolongation facultative, moyennant surtaxe.

a) Au départ de PARIS, pour les gares, stations et haltes du réseau d'Etat situées à 125 kilomètres au moins de Paris, ou réciproquement ;

b) Au départ de toutes les gares, stations et haltes du réseau d'Etat (Paris excepté), pour les gares, stations et haltes situées à 100 kilomètres au moins du point de départ.

Il peut être délivré à un ou plusieurs des voyageurs compris dans un billet collectif et en même temps que ce billet une carte d'identité sur la présentation de laquelle le titulaire sera admis à voyager isolément à moitié prix du tarif ordinaire des billets simples, pendant la durée de la villégiature de la famille, entre la gare de délivrance du billet collectif et le point de destination mentionné sur ce billet.

Enfants. — Les enfants de 3 à 7 ans payent la moitié du prix que paye un voyageur à place entière

(Pour les autres conditions, voir les Tarifs spéciaux G. V. n°° 3 bis et 9 bis.)

BILLETS D'EXCURSION AU LITTORAL DE L'OCÉAN

Valables 33 jours, non compris le jour de la délivrance

avec prolongation facultative moyennant le payement d'une surtaxe

délivrés du samedi, veille de la fête des Rameaux, au 31 octobre.

ITINÉRAIRE : Bordeaux, Blaye, Royan, La Grève, Le Chapus, Fouras, La Rochelle, La Pallice-Rochelle, les Sables-d'Olonne, Saint-Gilles-Croix-de-Vie, Pornic, Paimbœuf, Nantes, Clisson, Cholet, Bressuire, Niort, Bordeaux ou inversement.

Prix des billets : 1re classe, **60 fr.** — 2e classe, **45 fr** — 3e classe, **30 fr.**

Faculté d'arrêt aux gares intermédiaires.

Billets spéciaux de parcours complémentaires pour rejoindre ou quitter l'itinéraire du voyage d'excursion ci-dessus

Les prix de ces billets comportent une réduction de 40 0/0 sur les prix des billets simples. Les enfants de 3 à 7 ans payent moitié des prix indiqués ci-dessus.

(Pour les autres conditions, voir le Tarif spécial G. V. n° 5.)

CARTES D'EXCURSION VALABLES 15 JOURS

Pendant la période du samedi, veille de la fête des Rameaux, au 31 octobre, il sera délivré, par toutes les gares, stations et haltes du réseau de l'Etat, des cartes d'excursion valables pendant 15 jours et comportant la libre circulation, savoir :

Cartes A. — Sur l'ensemble du réseau de l'Etat.

Cartes B. — Sur toutes les lignes du réseau de l'Etat situées au sud de la Loire (y compris les gares de Nantes, Angers, La Possonnière, Saumur et Port-Boulet).

Ces cartes sont délivrées aux prix ci-après :

Cartes A (valables sur l'ensemble du réseau) : 1re classe, **135 fr.**; 2e cl., **100 fr.**; 3e cl., **75 fr.**;

Cartes B (valables sur le réseau sud seulement) : 1re classe, **100 fr.** ; 2e cl., **75 fr.** ; 3e cl., **50 fr.**

Les demandes de cartes d'excursion pourront être adressées aux chefs de toutes les gares ou stations du réseau de l'Etat, ou au chef du contrôle de ce réseau (rue Saint-Lazare, n° 45, à Paris).

(Pour les autres conditions, voir le Tarif spécial G. V. n° 5.)

RELATIONS DIRECTES ENTRE PARIS ET VALPARAISO

Par La Pallice-Rochelle et la Compagnie de navigation à vapeur du Pacifique

Service tous les 15 jours.

Train spécial (1re, 2e et 3e classes), entre Paris-Montparnasse et La Pallice-Rochelle

(Sans transbordement)

TRAJET DIRECT EN 9 HEURES

Départ de Paris le samedi soir. — Arrivée à La Pallice-Rochelle (Bassin à flot), le dimanche matin.

CHEMINS DE FER DE L'EST

I. — RELATIONS DIRECTES DE LA COMPAGNIE DE L'EST
(SERVICES PERMANENTS)

a) Avec la Suisse, *via* Belfort Bâle (Trains rapides);

b) Avec l'Italie, *via* Belfort-Bâle et le Saint-Gothard (Trains rapides);

c) Avec Mayence, Wiesbaden, Ems et Hombourg-les-Bains, *via* Metz-Sarrebruck (Trains express);

d) Avec Francfort-sur-Mein, *via* Metz-Sarrebruck (Trains express), et *via* Avricourt-Strasbourg (Trains express d'Orien.) en correspondance à Carlsruhe avec des trains express pour Francfort.

e) Avec Coblence, *via* Metz-Trèves et Luxembourg-Trèves. (Trains directs);

f) Avec l'Autriche-Hongrie, la Roumanie, la Serbie, la Bulgarie et la Turquie : 1° *via* Avricourt-Strasbourg (Train d'Orient); 2° *via* Belfort Bâle, la Suisse orientale et l'Arlberg (Trains rapides);

g) Avec Luxembourg, *via* Charleville, Longuyon, Dippach. (Trains directs).

II. — VOYAGES CIRCULAIRES ET EXCURSIONS A PRIX RÉDUITS
(SAISON D'ÉTÉ)

A. — EN FRANCE. — 1° Billets d'aller et retour de famille pour les stations thermales situées sur le réseau de l'Est. — 2° Billets d'aller et retour collectifs délivrés par les gares du réseau P.-L.-M. pour les stations thermales situées sur le réseau de l'Est.

Voyages circulaires à prix réduits pour visiter les Vosges et Belfort avec arrêts facultatifs à toutes les stations du parcours.

Billets individuels et billets collectifs

1° de Paris à Paris; 2° de Laon à Laon; de Nancy à Nancy : *via* Blainville, Charmes et *via* Pagny-sur-Meuse, Vaucouleurs.

B. — **Voyages circulaires ou d'aller et retour, à prix réduits, à itinéraires facultatifs sur les réseaux de l'Est, du Nord, de l'Ouest et de P.-L.-M. et à l'Etranger, effectués au moyen de Livrets à coupons combinables du « Verein » (Union des Chemins de fer européens) et Voyages circulaires à itinéraires fixes dits « Au Sud des Alpes », permettant de faire des excursions variées en Italie.**

La Compagnie des Chemins de fer de l'Est délivre toute l'année des Livrets à coupons combinables, à prix réduits, du « Verein » (Union des Chemins de fer européens), permettant aux voyageurs de composer à leur gré un voyage sur les réseaux de l'Est, du Nord, de l'Ouest et de P.-L.-M., et dans les pays désignés ci-après : Allemagne, Autriche-Hongrie, Belgique, Bosnie-Herzégovine, Bulgarie, Danemark, Finlande, Grand-Duché de Luxembourg, Pays Bas, Norvège, Roumanie, Serbie, Suède, Suisse et Turquie.

La réduction par rapport aux prix des billets simples atteint et dépasse 20 0/0.

Les principales conditions d'émission de ces livrets sont les suivantes :

L'itinéraire doit emprunter à la fois des lignes françaises et étrangères et ramener le voyageur à son point de départ initial; il peut affecter la forme d'un voyage circulaire ou celle d'un aller et retour.

Le parcours tarifé ne peut être inférieur à 600 kilomètres; la durée de validité des livrets est de 45 jours lorsque le parcours ne dépasse pas 2000 kilomètres; elle est de 60 jours pour les parcours plus longs.

Les livrets doivent être demandés à l'avance; il n'est pas concédé de franchise de bagages.

Les enfants âgés de 4 ans et moins sont transportés gratuitement, s'ils n'occupent pas une place distincte; au-dessus de 4 ans jusqu'à 10 ans, ils bénéficient d'une réduction de 50 0/0.

Italie. — Les voyageurs qui désirent se rendre en Italie pourront se procurer dans toutes les gares du réseau de l'Est un billet circulaire italien à itinéraire fixe dit « **Au Sud des Alpes** ». Ce billet circulaire est délivré conjointement avec le livret à coupons combinables du « Verein ». Au moyen de cette combinaison, des excursions variées peuvent être effectuées en Italie.

Lorsqu'il est délivré conjointement avec un livret à coupons combinables du « Verein », valable seulement pendant 45 jours, un billet circulaire italien à itinéraire fixe « **Au Sud des Alpes** » ayant une durée de validité de 60 jours, cette dernière durée est également appliquée au livret à coupons combinables.

Nota. — Pour tous autres renseignements concernant les coupons combinables du « Verein », consulter le Tarif International G. V. n° 208 déposé dans les gares, et, pour les billets circulaires italiens dits « **Au Sud des Alpes** », le Livret des voyages circulaires et excursions de la Compagnie des Chemins de fer de l'Est.

AVIS IMPORTANT

MM. les Voyageurs peuvent se procurer dans les gares et les librairies les Recueils suivants, publications officielles des chemins de fer, paraissant depuis cinquante ans, avec le concours des Compagnies.

L'INDICATEUR-CHAIX. *Paraissant toutes les semaines.* Avec cartes. — Prix.. . . . . » fr. 85

LIVRET-CHAIX CONTINENTAL. *Paraissant tous les mois.* Deux volumes :
Services français, avec huit cartes de réseaux. — Prix. . . 1 fr. 50
Services étrangers, avec une carte coloriée et huit cartes de régions. Prix.. . . . . 2 fr. »
Livret spécial des chemins de fer de la Suisse. Avec carte. *Paraissant tous les mois..* . . . . » fr. 50

LIVRET-CHAIX SPÉCIAL DE CHAQUE RÉSEAU
Paraissant tous les mois. Avec cartes.
Ouest; — Orléans, Etat, Midi; — Nord; — Est; — Paris-Lyon-Méditerranée. — Chaque livret. . . . . » fr. 50

LIVRETS-CHAIX DES VOYAGES CIRCULAIRES
Avec cartes, plans et gravures.
Ouest; — Orléans, Etat, Midi; — Nord; — Est. — Chaque livret. . . . . » fr. 30
Livret Guide de la Cie Paris-Lyon-Méditerranée.. . . . » fr. 50

LIVRET-CHAIX DE L'ALGÉRIE ET DE LA TUNISIE
Paraissant tous les mois. Une carte coloriée. — Prix.. . . » fr. 50

LIVRET-CHAIX DES ENVIRONS DE PARIS
Paraissant tous les mois. Avec sept cartes. — Prix. . . . . » fr. 40

LIVRETS-CHAIX DE LA BANLIEUE
Ouest, Est, Nord, Orléans, P.-L.-M. Avec cartes
Chaque livret. . . . . » fr. 15

LIVRETS-CHAIX DES RUES DE PARIS
(Omnibus, Tramways et Théâtres.) Avec plan de Paris et plans numérotés des théâtres — Prix . . . . 2 fr. »
Nomenclature des Rues de Paris, avec plan de Paris. — Prix, cartonné . . . . 1 fr. 25
Livret-Chaix des Omnibus, Tramways et Bateaux. . . » fr. 30

AUX VOYAGEURS

MM. les Voyageurs consulteront très utilement, pour établir et suivre leur itinéraire, les **CARTES** *extraites du Grand Atlas Chaix des chemins de fer, qui se vendent séparément au prix de 3 et 4 fr. en feuilles. Ces cartes indiquent toutes les lignes en exploitation, en construction ou à construire. — Adresser les demandes à la Librairie Chaix, rue Bergère, 20, à Paris.*

NOUVEL ATLAS DES CHEMINS DE FER DE L'EUROPE

Bel album relié, composé de 20 cartes coloriées. — Prix : Paris, 60 fr.; Départements, franco, 65 fr.; Etranger, port en sus.

CARTE DES CHEMINS DE FER DE L'EUROPE au 1/2 100,000

(1 centimètre par 24 kilomètres), en 4 feuilles imprimées en deux couleurs. — Dimensions totales : 2 m. 15 sur 1 m. 55. — Prix : les quatre feuilles, 22 fr.; sur toile, avec étui, 32 fr.; montée sur gorge et rouleau, vernie, 36 fr. Port en sus pour la France, 1 fr. 50; Algérie, 3 fr.; à l'Etranger, port en sus.

CARTE DES CHEMINS DE FER DE LA FRANCE au 1/800,000

(1 centimètre pour 8 kilomètres), avec cartes de l'Algérie et des colonies, et les plans des principales villes de France, imprimée en huit couleurs sur quatre feuilles grand monde. — (Dimensions : 2 m. 15 sur 1 m. 55.) — Indiquant toutes les stations, avec tirage en couleur spécial pour chaque réseau. — Prix : les quatre feuilles, 24 fr.; sur toile, avec étui, 34 fr.; montée sur gorge et rouleau, vernie, 38 fr. — Port en sus pour la France, 1 fr. 50; Algérie, 3 fr.; à l'Etranger, port en sus.

CARTE DES CHEMINS DE FER DE LA FRANCE et de la

NAVIGATION, à l'échelle de 1/1,200,000, imprimée en deux couleurs sur grand monde (1 m. 20 sur 0 m. 90). Cette carte, coloriée par réseaux, indique les lignes en construction, en exploitation, les lignes à voie unique et à double voie, toutes les stations, etc. Six cartouches contenant les cartes spéciales de Paris, Bordeaux, Lille, Lyon, Marseille et leurs environs, et la Corse complètent la carte. — Les cours d'eau sont imprimés en bleu. — Prix : en feuilles, 6 fr.; collée sur toile dans un étui, 9 fr.; montée sur gorge et rouleau, 12 fr. Port en sus, 1 fr.

ANNUAIRE-CHAIX DES PRINCIPALES SOCIÉTÉS PAR ACTIONS

Contenant des renseignements d'une utilité pratique sur les Compagnies de chemins de fer, les institutions de crédit, les Banques, les Sociétés minières, de transport, industrielles, les Compagnies d'assurances, etc. — Une notice spéciale est consacrée à chaque Société, indiquant les noms et adresses des administrateurs, directeurs, et des principaux chefs de service, — les dispositions essentielles des statuts, — les titres en circulation, — le revenu et le cours moyen des titres pour l'exercice précédent, le cours du 2 novembre de l'exercice en cours ou, à défaut, le dernier cours coté précédemment, — les époques et lieux de payement des coupons, etc. — Une liste des agents de change de Paris et des départ. et une autre des principaux banquiers de Paris, Lyon, Marseille, Bordeaux, Toulouse et Nantes, complètent le volume. — Un vol. in-18 de 500 p. — Prix : cartonné, 3 fr.; par poste, en plus, 50 c.

COMPAGNIE DES MESSAGERIES MARITIMES

SOCIÉTÉ ANONYME AU CAPITAL DE 30 000 000 DE FRANCS

PAQUEBOTS-POSTE FRANÇAIS

Lignes de l'Indo-Chine.

Départ de Marseille, tous les 28 jours, le dimanche, pour Port-Saïd, Suez, Djibouti, Colombo, Singapore, Saïgon, Hong-kong, Shang-haï, Kobé et Yokohama.

Départ de Marseille, tous les 28 jours, le dimanche, pour Port-Saïd, Suez, Aden, Bombay, Colombo, Singapore, Saïgon, Hong-kong, Shang-haï, Kobé et Yokohama.

Départ de Marseille, tous les 28 jours, le mercredi, pour Saïgon et Haïphong (*pour marchandises seulement*).

Correspondance.

1° A *Colombo*, pour *Pondichéry, Calcutta* (tous les 28 jours).

2° A *Singapore*, pour *Batavia* (par chaque courrier).

3° A *Saïgon*, pour *Nha-Trang, Quinhon, Tourane et Haïphong* (service hebdomadaire).

4° A *Saïgon*, pour *Poulo-Condor et Singapore* (tous les 14 jours).

Lignes de l'Australie et de la Nouvelle-Calédonie.

Départ de Marseille, tous les 28 jours, le dimanche, pour Port-Saïd, Suez, Colombo-Freemantle, Melbourne, Sydney et Nouméa. (Correspondance à *Colombo* pour *Singapore*, la *Cochinchine*, le *Tonkin*, la *Chine* et le *Japon*.)

Lignes de l'Océan Indien.

Départ de Marseille : 1° le 10 de chaque mois pour Port-Saïd, Suez, Djibouti, Zanzibar, Mutsamudu (ou Moroni), Mayotte, Majunga, Nossi-Bé, Diego-Suarez, Tamatave, la Réunion et Maurice ; 2° le 25 de chaque mois, pour Port-Saïd, Suez, Djibouti, Aden, Mahé, Diego-Suarez, Sainte-Marie, Tamatave, La Réunion et Maurice. (Correspondance à *Diego-Suarez* pour *Nossi-Bé, Majunga, Analalave, Maintirano, Morondave, Ambohibé et Tuléar.*)

Lignes de la Méditerranée et de la Mer Noire.

Départ de Marseille, tous les 14 jours, le jeudi : 1° pour Alexandrie, Port-Saïd, Beyrouth, Tripoli, Lattaquié, Alexandrette, Mersina, Larnaca, Beyrouth, Rhodes (ou Vathy, Samos), Smyrne, Dardanelles, Constantinople, Dardanelles, Smyrne, le Pirée et Naples, 2° pour Naples, le Pirée, Smyrne, Dardanelles, Constantinople, Dardanelles, Smyrne, Vathy-Samos (ou Rhodes), Beyrouth, Larnaca, Mersina, Alexandrette, Lattaquié, Tripoli, Beyrouth, Port-Saïd et Alexandrie ; 3° pour Alexandrie, Port-Saïd, Jaffa et Beyrouth.

Départ de Marseille, tous les 14 jours, le samedi ; 1° pour La Sude, le Pirée, Smyrne, Dardanelles, Constantinople, Samsoun, Trébizonde et Batoum ; 2° pour Patras, Syra, Salonique, Dardanelles, Constantinople et Odessa.

Lignes de l'Océan Atlantique.

Départ de Bordeaux : 1° tous les 28 jours, le vendredi, pour Porto-Leixoes, Lisbonne, Dakar, Pernambuco, Bahia, Santos, Rio-Janeiro, Montevideo et Buenos-Ayres (et pour *Santiago et Valparaixo (Chili) par transit à travers la Cordillère*); 2° tous les 28 jours, le vendredi, pour Vigo, Lisbonne, Dakar, Rio-Janeiro, Montevideo et Buenos-Ayres (et pour *Santiago et Valparaiso (Chili) par transit à travers la Cordillère*).

BUREAUX

PARIS, 1, rue Vignon. — MARSEILLE, 16, rue Cannebière.

BORDEAUX, 20, Allées d'Orléans. — LE HAVRE, 117, boul. de Strasbourg.

LYON, 7, place des Terreaux,

et dans tous les ports desservis par les paquebots de la Compagnie.

FRAISSINET & CIE

COMPAGNIE MARSEILLAISE DE NAVIGATION A VAPEUR
PAQUEBOTS-POSTE FRANÇAIS
4 et 6, place de la Bourse (FONDÉE EN 1832)

Services réguliers pour le Languedoc, la Corse, l'Italie, le Levant, le Danube, la mer Noire, l'Archipel et la Côte occidentale d'Afrique.

LIGNES DESSERVIES PAR LA COMPAGNIE

LIGNES DU LANGUEDOC. — Départs de MARSEILLE, tous les soirs, pour CETTE.

LIGNE POSTALE SUR LA CORSE, L'ITALIE, LA SARDAIGNE. — Départs de MARSEILLE pour : BASTIA, LIVOURNE, jeudi et dimanche, à 11 h. du matin ; AJACCIO, PROPRIANO (BONIFACIO par quinzaine), vendredi, 4 h. du soir ; AJACCIO seulement, lundi 4 h. soir ; CALVI, Ile ROUSSE, mardi, 11 h. ; TOULON, NICE, vendredi, midi. — Départs de NICE pour : BASTIA, LIVOURNE, mercredi, 5 h. du soir ; AJACCIO (Ile ROUSSE-CALVI en été), samedi, 6 h. du soir.

LIGNES D'ITALIE. — De MARSEILLE sur NAPLES, de MARSEILLE sur GÈNES, tous les dimanches, à 10 h. du matin.

LIGNE DE TOULON, NICE ET GÊNES. — Départs de MARSEILLE, tous les mercredis, à 7 h. du soir, et tous les vendredis, à 11 h., pour TOULON et NICE.

LIGNES DE CONSTANTINOPLE ET DU DANUBE. — Service d'été, **Danube.** Départs de MARSEILLE tous les 15 jours, le dimanche, à 10 h. du matin, alternativement pour : **Gènes,** LE PIRÉE, **Smyrne, Salonique,** DARDANELLES, CONSTANTINOPLE, SOULINA, GALATZ et BRAILA, et pour : LE PIRÉE, **Salonique,** DARDANELLES, CONSTANTINOPLE, SOULINA, GALATZ-BRAILA. — Service d'hiver (pendant la fermeture du Danube par les glaces), **Constantinople.** Départs de MARSEILLE tous les 15 jours, le dimanche, à 10 h. du matin, pour GÈNES, LE PIRÉE, SMYRNE, SALONIQUE, DARDANELLES et CONSTANTINOPLE.

LIGNE POSTALE DE LA COTE OCCIDENTALE D'AFRIQUE. — Départs de MARSEILLE, le 5 de chaque mois, avec escales à ORAN, LES CANARIES, DAKAR (Saint-Louis), CONAKRY, GRAND-BASSAM, ASSINIE, ACCRA, LES POPOS, COTONOU (Dahomey), LIBREVILLE, LOANGO, et autres ports de la Côte. — Départs de COTONOU pour MARSEILLE, avec les mêmes escales, le 20 de chaque mois.

Traversée de MARSEILLE à LIBREVILLE, et vice versa, en 20 jours.

Pour tous renseignements, s'adresser : à **MM.** Fraissinet et Cie, 6, place de la Bourse, à Marseille ; — à **M.** Ach. Neton, 9, rue de Rougemont, à Paris, et à **MM.** F. Puthet et Cie, quai Saint-Clair, 2, à Lyon ; — à **M.** R. Picharry, 40, quai de Bourgogne, à Bordeaux ; — à **M.** G. Schrimpf, agent général, à Constantinople ; — à **M.** A. Pierangeli, agent général, à Bastia. — à **MM.** Shaw-Adams et Ce, 78, Gracechurch street, London E. C.

COMPAGNIE DE NAVIGATION MIXTE

(Cⁱᵉ TOUACHE) — PAQUEBOTS-POSTE FRANÇAIS

ALGÉRIE, TUNISIE, SICILE, TRIPOLITAINE, ESPAGNE, MAROC

Service d'hiver du 1ᵉʳ novembre 1902 au 1ᵉʳ avril 1903

Départs de MARSEILLE pour

Tunis (rapide), **Sousse, Monas-tir, Mehdia, Sfax, Gabès, Djer-bah et Tripoli.**	mercredi 4 h. soir.
Oran, Melilla, Nemours (toutes les semaines).	mercredi 8 h. soir.
Beni-Saf, Tetouan, Gibraltar, Tanger, Malaga (par quinzaine).	
Philippeville (rapide), **Bône.**	jeudi midi
Alger (rapide)	jeudi 4 h. s
Alger (via **Cette** et **Port-Ven-dres**).	sam. 9 h. s.
Mostaganem, Arzew.	Tous les 10 j
Bizerte, Tunis (rapide) et **Pa-lerme**.	Dim. midi

Départs de PORT-VENDRES pour :

Alger (rapide)	dimanche 8 h. s
Oran (rapide)	vendredi 4 h. s.
Philippeville, Bône, Tunis et (via Marseille) **Tripoli.**	jeudi soir.
Cette et **Marseille** (facul-tatif)	jeudi soir / Merc 10 h. m.

Départs de CETTE pour :

Alger (via **P.-Vendres**)	dimanche 9 h. m
Oran —	jeudi minuit.
Philippeville, Bône. Bi-zerte (via Marseille), **Tunis** et **Tripoli** . . .	vendredi matin

SERVICES COMBINÉS AVEC LES CHEMINS DE FER

Toutes les gares françaises délivrent, aux conditions du Tarif commun G V nᵒ 315 des chemins de fer, des **Billets circulaires à itinéraires facultatifs** établis au gré des voyageurs, valables 90 jours, et comprenant à la fois des parcours en chemin de fer et des traversées maritimes à effectuer *à prix réduits* sur les paquebots de la **Compagnie de Navigation mixte.** Ces billets permettent l'arrêt facultatif dans tous les ports ou gares de l'itinéraire qu'ils comportent

La Compagnie est chargée par l'Administration du transport des colis postaux.

POUR FRET ET PASSAGES, S'ADRESSER A :

MARSEILLE, exploitation, 54, rue Cannebière	**PORT-VENDRES**, M. Gaston Pams
LYON, siège social, 41, rue de la République.	**CETTE**, M. P. Caffarel, 13, quai de Bosc.
PARIS, MM. Laurette et Ambroise, 5, rue du Faubourg-Poissonnière. — M. L. Desbois, 9, rue de Rome.	**NICE**, M. A. Carles, 1, quai Lunel.
	PALERME, MM. Tagliava et Frè e

Et en général aux correspondants de la Compagnie ou aux Agences Cook, Duchemin, Fournier, Gaze, Lubin, etc.

MAISON TOY

Maisons TOY et LÉVEILLÉ réunies

10, rue de la Paix, 10

Anciennement 6, rue Halévy

DÉPOT de MINTON

Grès flammés de Delaherche

Services de table, Porcelaines, Cristaux et Faïences

MODÈLES SPÉCIAUX

GLACIÈRE

DES

CHATEAUX

La seule qu'on fasse fonctionner sous les yeux du public

Produit en 10 minutes de **500 gr.** à **8 kilog.** de **Glace**, ou des **Glaces**, **Sorbets**, etc. par un sel inoffensif.

Se méfier des contrefaçons

J. SCHALLER 332, rue Saint-Honoré, Paris

Prospectus franco

SAINTE-BARBE

Place 'du Panthéon, Paris-V^e arr^t

DIRECTEUR : **M. PAUL PIERROTET**

ÉTABLISSEMENT D'ENSEIGNEMENT SECONDAIRE LIBRE

PRÉPARATION aux Écoles du Gouvernement.

ENSEIGNEMENT CLASSIQUE.

ENSEIGNEMENT MODERNE.

ENSEIGNEMENT SPÉCIAL préparatoire aux carrières commerciales, industrielles et agricoles.

MAISON DES ÉLÈVES-ÉTUDIANTS

Le Bœuf à la Mode

8, RUE DE VALOIS, 8

LE PLUS VIEUX

ET LE PLUS FRANÇAIS

DES RESTAURANTS PARISIENS

Situé à deux pas de la Comédie-Française et à deux pas du Théâtre du Palais-Royal.

PRIX DISCRETS

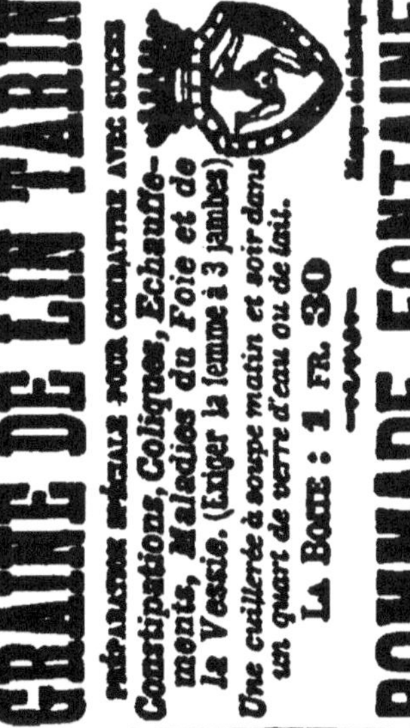

HOTEL MIRABEAU

PARIS — 8, rue de la Paix, 8 — PARIS

VUE DE LA COUR D'HONNEUR

CHAMBRES ET APPARTEMENTS DE TOUTES GRANDEURS

SUCCURSALES EN ÉTÉ (fin mai-fin septembre)

à **CHATEL-GUYON** (Puy-de-Dôme), **Splendid et Nouvel Hôtels;**
à **CONTREXÉVILLE** (Vosges), **Grand-Hôtel.**

MAISON A. DÉOTTE

E.-J. BLISS, Directeur

BOULEVARD HAUSSMANN, 43, PARIS

TÉLÉPHONE 256-06

ORFÈVRERIE ANGLAISE

COUTELLERIE DE MAPPIN ET WEBB

SERVICE A THÉ DE VOYAGE

*Glacières et machines à nettoyer les couteaux,
de G. Kent, de Londres.*

CATALOGUE FRANCO

ARCACHON
DEUX HOTELS DE PREMIER ORDRE
(Les seuls avec ascenseurs)

1° Le **GRAND-HOTEL**, en façade sur la mer. — Restaurant, terrasses et promenoir.
2° **HOTEL DES PINS ET CONTINENTAL**, dans une des plus belles situations de la forêt. — Exposition unique.

B. FERRAS, Propriétaire-Directeur.

ARCACHON
HOTEL LEGALLAIS

Ce magnifique établissement, au bord de la mer, en face de la plus belle plage, se recommande aux étrangers par son grand confort, une excellente cuisine et une cave de premier ordre, à des prix modérés. **Expéditions d'huîtres du 15 septembre au 3 mai.** — *Demander le tarif.*

ARCACHON
GRAND HOTEL DE FRANCE

Sur la plage. — Vue splendide sur tout le bassin. — Recommandé aux familles. — **Prix modérés.**

Ancienne Maison GRENIER père
GUSTAVE GRENIER fils, Directeur.

ARCACHON
HOTEL RICHELIEU
PLACE THIERS

Le mieux situé sur la Plage. — Restaurant sur la mer. — *Prix modérés.* — Arrangements pour familles.

Louis ARRÉGOT, Propriétaire.

ARCACHON
RESTAURANT LAPACHET

Place de la Mairie. — Situation très centrale. — Cuisine de famille très soignée. — Chambres confortables. — Déjeuner et dîner, 2 fr. 50. — Pension, tout compris, même le petit déjeuner du matin, depuis 7 fr. — Arrangements pour familles. — En dehors de l'**Hôtel**, appartements et cuisine indépendants. — **F. COURCY Aîné, Propriétaire.**

ARCACHON
VICTORIA HOTEL ET RESTAURANT

L'établissement moderne d'Arcachon, unique par son installation modèle, par sa situation agréable et par sa cuisine soignée. — **Ouvert toute l'année.**

M. et Mᵐᵉ OTTO KERN, nouveaux Propriétaires.

BAGNÈRES

DE

LUCHON

— *REINE DES PYRÉNÉES* —

THERMES SULFURÉS DE PREMIER ORDRE

HUMAGE

Courses nombreuses. — Guides renommés.

Casino splendide

BAGNÈRES-DE-LUCHON

GRAND HOTEL SACARON

DE TOUT PREMIER ORDRE

DIRIGÉ PAR LA FAMILLE

GRAND HOTEL BONNEMAISON

De tout premier ordre. — Situation unique.

Allées d'Étigny et place des Quinconces. — Le plus proche des Thermes.

GRAND CONFORT

GRAND HOTEL CONTINENTAL

Allées d'Étigny. — 1er ordre. — Situation centrale et près du Casino. — **ASCENSEUR.** — Chambres avec salles de bains, dernier confort moderne. — Douches. — Vaste jardin. — *Splendide terrasse.* — Magnifique hall. — **Cuisine et caves recommandées.** — Correspondant de *l'Automobile-Club de France.* — Garage et fosse à réparations. — *English spoken. — Se habla español.* — Prix modérés. — **Omnibus.**
P. PELLISSIER, Propriétaire.

GRAND HOTEL RICHELIEU

DE TOUT PREMIER ORDRE

Situé sur les Quinconces, en face des Thermes, près du Casino. — Cuisine soignée. — Prix modérés. — *English spoken. — Se habla español.* — Saison d'hiver : *Splendid Hôtel, Monte-Carlo.*

BORDEAUX

Prunes d'Ente J. FAU

Si vous voulez vous bien porter, ayez tous les jours sur votre table les excellentes prunes

J. FAU

LE BOULOU

(PYRÉNÉES-ORIENTALES)

16 *kilom. d'Amélie-les-Bains, 8 kilom. de la frontière d'Espagne, 28 kilom. de Port-Vendres.*

Eaux bicarbonatées sodiques : maladies de l'estomac, de l'intestin, de la vessie, le diabète, les fièvres paludéennes, convalescences.

(Voir page de garde à la fin du volume.)

❊ LA BOURBOULE ❊

SOURCE CHOUSSY-PERRIÈRE

SAISON DU 25 MAI AU 1er OCTOBRE

TROIS ÉTABLISSEMENTS COMPLETS — CASINOS — GRAND PARC

Anémie, lymphatisme, maladies de la peau et des voies respiratoires, diabète, rhumatismes, fièvres intermittentes.

Transportée, l'eau Choussy-Perrière se conserve indéfiniment.

Siège social : 4, boulevard des Italiens (Envoi de notices franco)

LA BOURBOULE

GRAND HOTEL DU LOUVRE

Boulevard de l'Hôtel-de-Ville. — **Premier ordre.** — En face l'Etablissement thermal. — Succursale à Nice : **Grand Hôtel de Paris,** boulevard Carabacel. — Ascenseur. — Téléphone. — Calorifère. — Bains. — Douches. — *Eclairage électrique.*
DUTTOZ-JURY, Propriétaire.

GRAND HOTEL RICHELIEU

Premier ordre. — **Le plus près de l'Établissement thermal.** — Conditions spéciales pour familles. — Chambre pour photographie. — *Lumière électrique.* — **Ascenseur.** — Garage de bicyclettes.— *English spoken.*
PASSAVY-PANET, Propriétaire.

HOTEL DU PARC

Premier ordre. — **Nouveaux agrandissements.** — *Situation unique dans le Parc et près du Casino.* — Cuisine très soignée.— Service parfait. — Pension, chambre, déjeuner et dîner depuis **8 fr.** par jour, tout compris.— Arrangements pour familles avec enfants.— *Se habla español.* — **Mᵐᵉ FAURE-FOURNIER, Propriétaire.**

VILLA MÉDICIS ET PALACE HOTEL

Considérablement agrandi en 1900. — **Premier ordre.** — Près le parc Fenestre, les Thermes et le Casino.— Chambres depuis **4 fr.** — Pension depuis **7 fr.** — Prix réduits en juin et septembre. — Si on le désire, appartements avec cuisine et service indépendants. — **Installation sanitaire.** — *English spoken.*— Téléphone. — Eclairage électrique. — *Ascenseur.* — **A. SENNÉGY, Propriétaire.**

HOTEL DE RUSSIE ET VICTORIA
et GRAND HOTEL DE LA BOURBOULE

Les mieux situés de la station. — 150 chambres et salons.—Grande réduction de prix en juin et septembre. — Garage et fosse pour autos. — Ascenseur. — Toutes les commodités modernes. — Les chambres sont peintes, sans tentures et éclairées à l'électricité. — *Omnibus à tous les trains.* — **LAGIER, Propriétaire.**

GRANDE VILLA
Avenue des Cascades

Appartements complets très confortables, avec cuisines indépendantes. — Jardin. — Latitude d'amener son personnel ou service assuré par la villa. — Chambres. — *Prix modérés.* — Transport gratuit des bagages aller et retour. — *Réductions en juin et septembre.*
PAPON-MABRU, Propriétaire.

HOTEL DES ANGLAIS

Près de l'établissement Choussy et du Casino.—Maison de famille. — Table d'hôte. — Tables particulières dans la véranda. — Cuisine bourgeoise très soignée. — **Pension depuis 8 fr.** — Réduction de prix en juin et septembre.
Mˡˡᵉ BOISSIER, Propriétaire.

CANNES

HOTEL WINDSOR

Premier ordre. — Situation et vue splendides. — Grand jardin au midi. — Ascenseur. — Téléphone. — *Lumière électrique.* — Bains et douches. — Arrangements pour familles et pour séjour.
Mme Vve FOURNAUX, Propriétaire.

HOTEL DE LA GRANDE-BRETAGNE

Premier ordre. — Un des plus beaux hôtels du littoral. — *Prix modérés.* — Arrangements sanitaires parfaits. — Ascenseur. — **Lumière électrique.** — Tramways électriques desservant l'hôtel de et pour la gare et le centre de la ville — Jardin d'hiver. — *Omnibus et interprète à l'arrivée de tous les trains.* — **PERRÉARD, Propriétaire.**

HOTEL COSMOPOLITAIN
RUE D'ANTIBES

Exposition et jardin en plein midi, près de la plage. — Confort moderne. — Eclairage électrique. — Calorifère. — Cuisine et service de tout premier ordre. — Été **Hôtel Bellevue, Plombières.** — *Ascenseur.* — **A. WEHRLÉ, Propriétaire.**

HOTEL BEAU-RIVAGE

Maison de premier ordre sur la Croisette. — Magnifique vue de mer. — **Plein midi.** — Jardin d'hiver. — Grand jardin. — Atrium. — Electricité. — **Téléphone.** — Ascenseur. — Interprètes.
HAINZL, Directeur.

HOTEL DES PINS
PREMIER ORDRE

A proximité de l'église russe. — Abrité des vents par une forêt de pins. — Vaste jardin. — **Téléphone.** — Éclairage électrique. — Service spécial de voitures pour la promenade et la ville.

HOTEL DE LA PLAGE

Premier ordre. — Plein midi. — Sur la Croisette. — Vue splendide des îles et des montagnes de l'Estérel. — **Grand hall.** — Lumière électrique. — Ascenseur. — Arrangements pour séjour. — **Prix modérés.** — **NEEF, Propriétaire.**

HOTEL RÉGINA
ROUTE D'ANTIBES

Entièrement remis à neuf. — Ouvert du 1er octobre à fin mai. — Premier ordre. — Plein midi. — Grand jardin. — Arrangements sanitaires perfectionnés. — Electricité. — Téléphone. — Calorifère — Bains. — Auto-garage. — *Cuisine française très soignée.* — Pension depuis 8 fr. et arrangements pour familles. — **H. ALETTI, Propriétaire.**

CANNES
ÉTABLISSEMENT FLORAL ET HORTICOLE
76, RUE D'ANTIBES

Expédition pour la France et pour l'étranger de fleurs fraîches (bouquets, gerbes et corbeilles artistiques) pour tous pays. — Colis postaux en fleurs assorties de la saison à partir de 5 fr., boîtes poste de 2 à 3 fr. — **M. ASTIER.**

J. THÉMÈZE
Agence des DEUX MONDES, fondée en 1868

Square Mérimée. — Location de Villas et Appartements. — Achat et vente de propriétés. — Renseignements gratuits.

AGENCE GÉNÉRALE DES ÉTRANGERS
2, RUE D'ANTIBES, et 1, PLACE DES ILES
HUGUES, successeur de VIDAL et HUGUES

Villas et Appartements à louer. — Propriétés à vendre. — *Téléphone.*

F. MOUTON, P. PONS, Successeur
AGENCE IMMOBILIÈRE FRANCO-RUSSE
Place des Iles, 7, *au coin du boulevard de la Croisette*

Vente et location de Villas, Appartements, Hôtels, Terrains
TÉLÉPHONE

CAPVERN
(HAUTES-PYRÉNÉES)

A 15 heures de Paris, à 6 heures de Bordeaux, à 2 heures de Toulouse, à 4 heures de Bayonne, à 1 heure de Luchon, à 1 heure de Lourdes. — Station célèbre de vieille date pour la grande efficacité de ses eaux. — N'a pas de similaire, grâce au traitement combiné de ses deux sources : Houn-Caoudo, stimulante, tonique, puissamment reconstituante, et Bouridé, éminemment sédative et décongestionnante. — Eau de table non gaseuse, ne troubl. nt pas le vin, d'un goût agréable, légère et digestive.

ÉTABLISSEMENT OUVERT TOUTE L'ANNÉE
SAISON DU 15 MAI AU 31 OCTOBRE

Exportation importante d'eau en bouteilles toute l'année

EAU TRÈS STABLE

Eaux calciques et magnésiennes (sulfatées et bicarbonatées) — T. 24° — Diurétiques, laxatives, dépuratives, résolutives, toniques et reconstituantes.

Souveraines dans : *Gravelle urinaire et Coliques néphrétiques, Gravelle biliaire et Coliques hépatiques, Affections des Reins, de la Vessie, des Voies urinaires, Engorgements du Foie et des Voies biliaires, Goutte, Diabète, Affections rhumatismales et arthritiques ; Affections de l'Estomac, de l'Intestin, du Foie et des Voies biliaires, États hémorroïdaires, Affections de la Matrice, Troubles de la Menstruation (Étouffements et vapeurs, Age critique), Anémies diverses, États nerveux divers, Neurasthénie.* — Postes. — Télégraphe. — Casino. — Parc. — Promenades. — Excursions.

HOTELS DE PREMIER ORDRE

CHAMBÉRY (Savoir)

HOTEL DE FRANCE
ÉTABLISSEMENT DE PREMIER ORDRE
A PROXIMITÉ DE LA GARE ET DES PROMENADES
LÉON REYNAUD, Propriétaire.
English spoken. Conserves alimentaires. Médailles à toutes les Expositions.

GRAND HOTEL DE LA PAIX ET DE LA GARE
A 30 mètres en face la gare. — 80 chambres et salons. — *Premier ordre*. — Entièrement neuf. — Table d'hôte et service par petites tables. — Salle de bains. — Chambre noire. — Calorifère. — Ascenseur Stigler. — Vaste garage à automobiles — Arrangements pour familles et pour séjour — **Prix modérés.**
Pierre-Joseph TRABBIA, Propriétaire.

CHAMONIX
HOTEL ROYAL ET DE SAUSSURE
Sur la place du monument de Saussure. — Maison de premier ordre, entièrement restaurée et remontée. — Appartements très confortables. — **Restaurant.** — Cuisine et cave soignées. — *Prix modérés.* — Arrangements depuis 9 fr. — Bains. — Lumière électrique. — Grand jardin. — Parc — Observatoire. — Vue superbe sur le mont Blanc et sa chaîne. — Saison d'hiver : **Empress-Hôtel à Beaulieu-sur-Mer.** — **E. EXNER**, Propriétaire.

SAVOY HOTEL
Premier ordre. — Confort moderne. — Salubre en raison de sa situation élevée. — A proximité d'une forêt de sapins. — Grand parc. — 70 chambres et salons. — Vaste hall. — Terrasses, nombreux balcons. — **Bow-Windows**, etc. — Salles de bains. — Appareils sanitaires. — Plafonds en béton armé présentant toutes garanties contre le feu.
Ad. TAIRRAZ-COUTTET, Propriétaire.

CHATEL-GUYON-LES-BAINS

G^d HOTEL DU PARC ET HOTEL DES PRINCES
PREMIER ORDRE
Ascenseur. — Téléphone. — Lumière électrique. — *Garage pour automobiles.* — **VÉDRINE BARTHÉLEMY**, Propriétaire.

HOTEL DES BRUYÈRES
Premier ordre. — Situation hygiénique. — Eclairage électrique. — Pension depuis 9 francs, vin et service compris. — Arrangements pour familles. — *We speak english.* — *Man spricht deutsch.*

CHERBOURG

HOTELS DE FRANCE ET DU COMMERCE RÉUNIS
MAISON DE PREMIER ORDRE
Table très soignée. — Hôtel recommandé. — Le plus important de la ville. — Salon de familles. — Salle de fêtes de 150 couverts. — Prix modérés. — Estaminet. — Salle de bains. — *Omnibus à tous les trains.* — *English spoken.*

Type **B** —2*

EAUX-BONNES (BASSES-PYRÉNÉES)

14 heures de Paris — 1 h. 15 de Pau

Saison du 1ᵉʳ juin au 1ᵉʳ octobre

Ces eaux minérales, les plus remarquables au point de vue chimique, sont aussi les plus anciennement renommées pour le traitement du lymphatisme, de l'anémie et des débilités en général ; elles sont spéciales pour la **cure des affections chroniques de la gorge et de la poitrine** (angines, laryngites, bronchites, pleurésies, asthme, phtisie, etc.).

Climat des plus salubres (750ᵐ).— Installation hydrothérapique.— Promenade horizontale jusqu'aux Eaux-Chaudes. — Excursions et ascensions.— Chasse à l'isard. — Mesures hygiéniques parfaites.

ORCHESTRE — CASINO — THÉATRE — LUMIÈRE ÉLECTRIQUE

(Exportation : 1 million de bouteilles)

EAUX-BONNES

MAISON TOURNÉ
ET GRAND HOTEL DES THERMES

1ᵉʳ ordre, en face l'Établissement thermal, à côté du jardin Darralde et de l'église. — Grands et petits appartements, avec cuisine particulière pour chacun d'eux. — Beaux salons. — Restaurant. — *Eclairage électrique.* — Pension depuis 8 fr. par jour. — **TOURNÉ, Pharmacien, Propr**.

FONTAINEBLEAU

HOTEL LAUNOY

Maison de famille de premier ordre, très en réputation et très recommandée.— Clientèle d'élite.— Vue sur la façade principale du château. — **Appartements très confortables.**— Vastes salons.— Billard.— Grand jardin. — Voitures pour la forêt. — Service particulier. — *Omnibus à la gare.* — Prix modérés. — **LAUNOY, Propriétaire.**

GRANVILLE

GRAND HOTEL DU NORD

De tout premier ordre. — Entièrement remis à neuf. — Restaurant à la carte. — La meilleure situation au centre de la ville, près la Poste et les bateaux de Jersey. — *Annexe avec vue sur la mer.* — *Splendide salle à manger.* — Arrangements pour familles et pour séjour. — Prix modérés. — **COSTE, Propriétaire.**

GRASSE

GRAND HOTEL VICTORIA

Entièrement neuf. — **Premier ordre.** — Plein midi. — Vue splendide. — Grand jardin. — Hydrothérapie complète. — Calorifère. — Garage pour autos. — **Cuisine française très soignée.** — Pension depuis 8 francs. — Arrangements pour familles. — Téléphone. — *Omnibus à tous les trains.*

MARENCO-SICARD, Propriétaire.

HYÈRES

GRAND HOTEL DU PARC ET DU CASINO
PREMIER ORDRE

Plein midi. — Vaste jardin. — Billard. — Salle de bains. — **Lawn-tennis.** -- Pension depuis 7 fr. par jour, vin compris.

D. THOMASSET, Directeur.

AGENCE GÉNÉRALE DE LOCATION
BOULEVARD DES PALMIERS

Villas et appartements meublés ou non. — Ventes et achats de propriétés. — Renseignements gratuits et précis.

L. MOUTTET, Directeur.

AGENCE ASTIER
BOULEVARD GAMBETTA, 18

Location de villas et appartements de choix meublés ou non.—Ventes et achats d'immeubles. — Renseignements gratuits et exacts.— Principale agence d'affichage et de publicité. —ASTIER, Directeur.

" UNIQU' AGENCE " PONS

Galerie et boulevard des Palmiers, à côté du Crédit Lyonnais et de la Poste. — Location de villas et appartements meublés ou non meublés. — Achat et vente d'immeubles. — Dépêches de l'agence Fournier.

Tous renseignements gratuits.

JUAN-LES-PINS (ALPES-MARITIMES)
(Entre Cannes et Nice)
LA PLUS JOLIE STATION DU LITTORAL

LE GRAND-HOTEL Situation exceptionnelle

Ouvert toute l'année. — Panorama unique. — Pour les express, s'arrêter à Antibes et y demander le **Grand-Hôtel**, à Juan-les-Pins.

LAMALOU-LE-BAS

GRAND-HOTEL

Premier ordre.—Grand confortable.— *En face le Casino, à 50 mètres de l'Etablissement thermal.* — Parc attenant à l'hôtel. — Voitures de luxe. — *Omnibus à tous les trains.* — Téléphone.—Garage et fosse pour automobiles (gratuits). — **MAS Frères.**

LANGRUNE-SUR-MER

HOTEL DU PETIT-PARADIS

Sur la plage. — Ouvert du 1er juin au 1er octobre. — Fréquenté par l'élite de la société. — Très recommandé pour sa situation unique, son confortable et son excellente cuisine. — Grand jardin ombragé. — *Pension depuis 6 fr. par jour.* — **Garage et fosse pour automobiles.** — Ecuries et remises. — **MORIN**, Propriétaire.

LIMOGES

GRAND-HOTEL
PREMIER ORDRE
Rue Montmailler, au centre de la ville. — Entièrement neuf. — Eclairage électrique. — Téléphone. — Jardin. — Garage pour autos. — *English spoken*. — Prix depuis 8 fr. — Omnibus à la gare.
VEYRIRAS, Propriétaire.

LIMOGES

CENTRAL HOTEL
CARREFOUR TOURNY
PRIX MODÉRÉS
Hôtel entièrement neuf, installé avec tout le confort moderne
Ascenseur. — Électricité dans toutes les chambres.
Arrangements pour séjour

LOURDES

BUFFET DANS LA GARE MÊME
Grand confortable. — Paniers et provisions de voyage. — Table d'hôte : déjeuner, 3 fr.; dîner, 3 fr. 50.— Tables particulières : déjeuner, 3 fr. 50; dîner, 4 fr., vin toujours compris.
CLAVERIE, Directeur.

GRAND HOTEL D'ANGLETERRE
Premier ordre. — Maison très en réputation et très recommandée par sa situation, comme étant la plus près de la Grotte et la plus confortable. — Se méfier des pisteurs payés par certains hôtels pour déprécier l'Hôtel d'Angleterre, afin d'attirer les clients dans les hôtels par lesquels ils sont payés. — Eclairage électrique.
Omnibus à tous les trains. — **J. FOURNEAU, Propriétaire.**

GRAND HOTEL DE LA GROTTE
Rue de la Grotte
Hôtel entièrement remis à neuf, de 1er ordre et du dernier confort, dans une situation unique, avec une **vue magnifique sur la Basilique et les Pyrénées**. — *Table d'hôte et Restaurant*. — Eclairage électrique. — Salle de bains. — **Arrangements pour familles.** — Ouvert toute l'année. — Parlant toutes les langues. — *Omnibus à la gare.* — De l'hôtel on voit les processions de jour et de nuit.
A. VOGEL
Propriétaire, ancien gérant du Cercle anglais de Pau.

MARSEILLE

GRAND HOTEL DE PROVENCE

Cours de Belzunce, 12. — **Restaurant de premier ordre, le plus central, le mieux situé.** — Prix : 8 fr. par jour. — Chambre, 2 fr. 50.— Déjeuner, 2 fr. 50 ; dîner, 3 fr., vin compris.— Service à la carte.— Prix modérés.— *Grill Room.* — *Real english confort.* — *English waiters.*
P. GARDANNE, Propriétaire.

MARSEILLE

GRAND HOTEL DES COLONIES

ET RESTAURANT

Au centre de la ville. — Entièrement remis à neuf. — *Cuisine renommée.* — Electricité dans toutes les chambres. — **Arrangements pour séjour prolongé.** — Grand jardin. — Bains dans l'hôtel. — *Téléphone.* — *Omnibus à tous les trains.* — **Prix modérés.**
BLANC, Propriétaire. — J. HABERL, Directeur.

GRAND HOTEL DES PRINCES

ANNEXES DU ROSBIF — SPÉCIALITÉ DE METS DE PROVENCE

Square de la Bourse, 12. — Appartements et chambres confortables, depuis 2 fr. 50. — Sans table d'hôte. ni restaurant. — *Maison recommandée aux touristes et aux familles.* — **J. GUEYRARD fils.**

GRAND HOTEL BEAUVAU

Rue Beauvau, rue Cannebière, quai de la Fraternité. — Soul hôtel de premier ordre **ayant façade sur la mer.** au centre de la ville et au midi. — Entièrement remis à neuf. — **Ascenseur.** — *Bains.* — *Téléphone : 849.*—Chambre noire.— Pension depuis 8 fr. par jour.—Arrangements pour familles. — *Omnibus à tous les trains.*
H. TEISSIER, Propriétaire.

HOTEL DE CASTILLE ET DU LUXEMBOURG

Complètement transformé. — Le plus près de la Bourse, de la Préfecture et des Théâtres. — Ascenseur. — Bains. — **Téléphone.** — Installation sanitaire. — Salle de bagages. — Pension depuis 8 fr. par jour.
J. MAES-PARERA, nouveau Propriétaire.

GRAND HOTEL DE RUSSIE

Boulevard d'Athènes, 31. — Hôtel-villa de 1er ordre, le plus coquet de Marseille et le plus près de la gare. — A deux minutes de la Cannebière. — Correspondant du T.-C. français et anglais. — Bains. — Téléphone. — Garage. — Ascenseur. — Electricité. — Interprètes. — Pension depuis 8 fr. — *Omnibus.*
L. PINET, Propriétaire.

MENTON

ALEXANDRA HOTEL

DE TOUT PREMIER ORDRE

Plein midi. — Situation unique entre Menton et le cap Martin. — Bien abrité. — Vaste parc. — *Vue splendide.*
Ascenseur hydraulique. — Lumière électrique.

MENTON

GRAND HOTEL VICTORIA ET DES PRINCES

PREMIER ORDRE

Plein midi. — Grand jardin. — Chauffage dans tous les corridors. — Bains. — Fumoir. — **Prix modérés.** — Ascenseur.
— *Omnibus à tous les trains.* — **R. LEUBNER, Propriétaire.**

MENTON

HOTEL DE TURIN ET BEAUSÉJOUR

PREMIER ORDRE

Plein midi. — Situation unique, centrale et très abritée. — Vaste jardin. — Salles de lecture, de billard, de bains. — **Ascenseur.** — Pension depuis 8 fr.
J. WURTH, Propriétaire.

MENTON

HOTEL-PENSION SAINT-GEORGES

AVENUE DE NICE — PLEIN MIDI

Grand jardin. — **Cuisine très soignée.** — Pension depuis 8 fr. par jour. — Saison d'été : **Grand Hôtel du Louvre et Savoy-Hôtel réunis,** à *Aix-les-Bains.*
F. BURDET, Propriétaire.

MENTON

GRAND HOTEL MONT-FLEURI

Premier ordre. — Plein midi. — *Situation exceptionnelle.*
— Magnifique vue de mer. — Très abrité à mi-côte. — Entièrement meublé à neuf, avec tout le confortable moderne. — *Chambre noire pour photographie.* — Garage de bicyclettes. — Téléphone. — *Ascenseur.* — **L. NAVONI, Propriétaire.**

MENTON

WINDSOR PALACE HOTEL

PREMIER ORDRE

Situation très centrale sur le bord de la mer. — Plein midi. — 150 chambres et salons.—Jardin. — Pension depuis 8 fr. par jour.— Ascenseur. — Téléphone. — Omnibus à tous les trains.

V **Jules VOGELE, Propriétaire.**

MENTON

HOTEL DE LONDRES

PRÈS LE JARDIN PUBLIC

Plein midi. — Vue de mer. — Bains. — Électricité. — **Service par petites tables.** — Pension depuis 7 fr., petit déjeuner du matin compris.

C. SCHWARZMANN

MENTON

BALMORAL HOTEL

Ouvert toute l'année. — Situation centrale. — **Plein midi.** — Jardin.—Magnifique véranda et Restaurant sur la mer.—Bains. —Douches.—**Ascenseur.**— *Lumière électrique.*— Bonnes chambres depuis 3 fr.—Petit déjeuner, 1 fr. 25 ; déjeuner, 3 fr.; dîner, 4 fr.—Pension pour séjour depuis 8 fr.. petit déjeuner compris. —**Cuisine renommée.**—**Victor RÉ,** Propriétaire-Directeur.

MENTON

GRANDE AGENCE DE MENTON, fondée en 1876

GUSTAVE AMARANTE

Location de **toutes** les villas et de **tous** les appartements meublés ou non meublés à Menton. — Vente et achat de villas, hôtels, châteaux et terrains. — Indications sérieuses, précises et gratuites.

Écrire en n'oubliant pas le prénom GUSTAVE.

MONTE-CARLO

SAISON D'HIVER ET SAISON D'ÉTÉ

30 MINUTES DE NICE — 15 MINUTES DE MENTON

LE TRAJET DE PARIS A MONACO SE FAIT EN 17 HEURES,
DE LYON EN 10 HEURES, DE MARSEILLE EN 4 HEURES 1/2,
DE GÊNES EN 6 HEURES

Parmi les **Stations hivernales** du littoral méditerranéen, **Monaco** occupe la première place, par sa position climatérique, par les distractions et les plaisirs élégants qu'il offre à ses visiteurs et qui en font aujourd'hui le rendez-vous du monde aristocratique.

La température, en été comme en hiver, est toujours très tempérée, grâce à la brise de mer qui rafraîchit constamment l'atmosphère.

Monaco. — Les **Thermes Valentia**, créés en 1895, sont merveilleusement aménagés et centralisent toutes les découvertes de la science moderne en balnéologie, hydrothérapie, électrothérapie, etc.—Le **Casino** de **Monte-Carlo**, en face de **Monaco**, est remarquable par ses salles de jeux spacieuses et bien ventilées, par ses élégants salons de lecture et de correspondance.

Pendant toute la saison d'hiver, une nombreuse troupe d'artistes d'élite y joue, plusieurs fois par semaine, l'opéra, l'opéra-comique, la **comédie**, le **vaudeville**, l'**opérette**.

Des **Concerts** classiques, dans lesquels se font entendre les premiers artistes d'Europe, ont également lieu pendant toute la saison. — L'**orchestre** du Casino, composé de plus de 100 exécutants de premier ordre, se fait entendre deux fois par jour pendant toute l'année.

TIR AUX PIGEONS DE MONACO

Ouverture en décembre

Concours spéciaux et Tirs d'exercice. — Grands Concours internationaux en janvier et mars, pendant les Courses et les Régates. — Poules à volonté. — Tirs à distance fixe. — Handicaps.

Palais des Beaux-Arts avec Jardin d'hiver

Exposition des Beaux-Arts de janvier à avril

Le prix des entrées (1 fr.) est employé en totalité à l'achat d'œuvres exposées, qui forment les lots d'une tombola (prix du billet : 1 fr.).

Des comédies et conférences sont données sur la scène du Théâtre du Palais des Beaux-Arts

Batailles de fleurs, Régates, Concours d'automobiles

HOTEL DE PARIS

UN DES PLUS SOMPTUEUX DU LITTORAL MÉDITERRANÉEN

Sur la place du Casino

MONT-DORE

Puy-de-Dôme, Auvergne. — Altitude : 1050 mètres.

Établissement thermal, ouvert du 1er juin au 1er octobre. — Maladies des voies respiratoires, asthme, bronchites, affections rhumatismales. — Eau minérale bicarbonatée, sodique, arsenicale et siliceuse. — Pour l'exportation s'adresser à M. LE DIRECTEUR, au MONT-DORE. — **Grand Casino dans le parc,** représentations tous les soirs. — 4 concerts par jour.

Le Mont-Dore est station terminus du P.-O.

MONT-DORE

HOTEL SARCIRON-RAINALDY

Anciennement Vve CHABAURY Aîné

Le plus important de la station. — Réputation ancienne. — Cet hôtel, entièrement reconstruit suivant les meilleurs avis médicaux, offre tout le confort moderne, avec les meilleures conditions hygiéniques. — *Ascenseur.* — *Téléphone.* — Lumière électrique dans toutes les chambres. — **CHALET DES PICS,** maison d'air à 1100 mètres d'altitude. — Chalets et villas pour familles — Parc et Lawn-tennis. — *English spoken.* — **Ecrire à M. SARCIRON-RAINALDY,** Propriétaire-Directeur.

MONT-DORE

NOUVEL HOTEL & GRAND HOTEL DE LA POSTE

Maisons de premier ordre situées en face de l'Etablissement. — Chalets, Villas pour familles. — Parc. — Lawn-tennis. — Jeux divers. — Téléphone — Lumière électrique. — Ascenseur. — **Lift.**
P.-F. BRUN, Directeur.   **G. BELLON, Propriétaire.**

MONT-DORE-LES-BAINS

GRANDS HOTELS DE PARIS ET DU PARC

En face les Thermes et sur le parc. — Ascenseur. — Téléphone. — Lumière électrique dans toutes les chambres. — *Installation hygiénique.* — Villas dans le parc, Chalets dans la montagne. — Lawn-tennis. — Garage pour bicyclettes et autos. — *English spoken.* — PRIX MODÉRÉS.
Léon CHABORY, Propriétaire.

MONT-DORE

INTERNATIONAL HOTEL

Premier ordre. — Le plus moderne comme installation hygiénique construit en 1900 et entouré d'un parc de 8000 mètres.
Téléphone. — Lumière électrique. — Ascenseur.
Garage et fosse pour autos
VEYSSEYRE Frères, Propriétaires-Directeurs.

MONT-DORE
HOTEL RAMADE AINÉ
1er ORDRE — GRAND CONFORTABLE
Le plus près de l'Établissement thermal. — Appartements hygiéniques. — **Excellente cuisine.** — Pension, vin compris, depuis 9 fr. — Arrangements pour familles avec enfants. — *Garage pour automobiles. — Omnibus à tous les trains.*
RAMADE Aîné, Propriétaire.

MONT-DORE
GRAND HOTEL DU NORD
PRÈS LE PARC ET LES ÉTABLISSEMENTS
Appartements et chambres confortables pour familles et touristes. — Pension de 8 à 11 fr., suivant chambre. — **Service soigné.** — *Omnibus à tous les trains.*
J. CONSTANTIN, Propriétaire.

MONT-DORE
HOTEL DU VATICAN
A PROXIMITÉ DE L'ETABLISSEMENT THERMAL
Recommandé aux familles et à MM. les Ecclésiastiques. — Pension : 7, 8 et 9 fr. par jour, suivant chambre, tout compris.
DUCROS, Propriétaire.

MONT-DORE
HOTEL DE L'EUROPE
A COTÉ DE L'ÉTABLISSEMENT
Entièrement neuf. — Chambres et appartements hygiéniques pour familles. — *Cuisine bourgeoise très soignée.*
Pension depuis 8 francs
DELPY-RENOUX, Propriétaire.

MONT-DORE
HOTEL RICHELIEU
Ouvert en 1901. — Offrant le confort des hôtels de 1er ordre et la tranquillité d'une maison de famille. — Conditions rigoureuses d'hygiène.—Murs peints à l'huile : ni tentures, ni rideaux. — Excellente cuisine. — *Prix avantageux.*
Mme MAISONNEUVE, Propriétaires.

NÉRIS

GRAND HOTEL DUMOULIN

DE TOUT

PREMIER

ORDRE

EN FACE

LES

THERMES

Villas pour familles. — Garage pour autos. — Omnibus à tous les trains.

NÉRIS-LES-BAINS

GRAND HOTEL DE PARIS

Premier ordre. — En face l'Établissement thermal. — Pavillon et villa séparés de l'hôtel en face le Parc. — Excellente cuisine sous la direction du propriétaire. — **Arrangements pour familles depuis 8 fr.** — Garage pour autos. — *Omnibus à tous les trains.*
LASSALAS, Propriétaire.

NÉRIS-LES-BAINS

GRAND HOTEL ROCHETTE

DE FRANCE ET DU PARC

Premier ordre. — En face l'Établissement thermal et le Parc. — Grand jardin. — Villas. — **Garage pour autos.** — Pension depuis 8 fr. — **Omnibus à tous les trains. — ROCHETTE, Propriétaire.**

NÉRIS-LES-BAINS

GRAND HOTEL DU JARDIN

Premier ordre. — Situation unique sur le parc de l'Établissement thermal et du Casino. — **Cuisine très soignée faite sous la direction du propriétaire, chef de cuisine.** — Pension depuis 8 fr. et arrangements pour familles. — Jardin avec villa. — *Garage pour autos.* — Omnibus à la gare. — **J. AUTISSIER, Propriétaire.**

NEVERS

GRAND HOTEL DE LA PAIX

Premier ordre. — En face de la gare. — Chambres et appartements très confortables pour familles. — Petit déjeuner, 1 fr.; déjeuner, 3 fr.; dîner, 3 fr. 50. — Chambres depuis 2 fr. — Cuisine très recommandée aux familles. — Location d'équipages en tous genres.
FAUCONNIER, Propriétaire.

Parc Impérial

Ancienne résidence de la Famille Impériale de Russie et d Sa Majesté le Roi Oscar de Suède

HOTEL IMPÉRIAL

10 APPARTEMENTS
AVEC TERRASSES COUVERTES

225 CHAMBRES ET SALONS
50 SALLES DE BAINS

Ce palais, entièrement incombustible, meublé très luxueusement avec le dernier confort moderne, est situé dans le Parc Impérial d'une contenance de dix hectares, entièrement plantés d'orangers, jouit d'une vue merveilleuse sur la mer et les montagnes. — Plein Midi. — Soleil toute la journée. — Eau de Source. — Table d'hôte. — Restaurant à la carte. — Salons particuliers. — Cuisine et Cave de premier ordre. — Ascenseurs. — Lumière électrique. — Service de voitures. — Lawn-Tennis. — Billards français et anglais. — Bar américain.

NICE
LE GRAND-HOTEL

600 chambres et salons. — Situation centrale.
AVENUE FÉLIX-FAURE

HOTEL BEAU-RIVAGE
QUAI DU MIDI, EN FACE LA MER

Prix modérés. — Ascenseurs. — Électricité dans toutes les chambres. — Arrangements pour séjour.

HOTEL DES PRINCES
QUAI DU MIDI PROLONGÉ

Plein midi. — Position des plus abritées. — Vue sur la mer ; recommandé pour sa belle situation. — Arrangements pour séjour. — **Prix modérés.** — **Ascenseur.** — **J.-B. ISNARD**, Propriétaire.

PALACE HOTEL
Ci-devant MILLIET

Premier ordre. — Dernier confort. — Plein midi. — Le plus central. — Magnifique hall. — Arrangements sanitaires perfectionnés. — *Lumière électrique.* — Chauffage à basse pression. — Grand jardin. — *Ascenseur.* — Prix modérés.
W. MEYER, Propriétaire.

GRAND HOTEL DU RHIN
Boulevard Victor-Hugo (près avenue de la Gare)

Entièrement neuf. — Maison de famille de tout premier ordre. — Le plus grand confort moderne.
Direction suisse.

Hôtel-Restaurant HELDER-ARMENONVILLE
PLACE MASSÉNA
MAISON D'ÉTÉ :
Hôtel de Paris, à TROUVILLE-SUR-MER

HOTEL-PENSION SUISSE

Maison suisse renommée. — **Premier ordre.** — Situation magnifique sur le bord de la mer. — Vue splendide. — Jardin. — Arrangements sanitaires. — Bains. — Calorifère. — Téléphone. — *Lumière électrique.* — Ascenseur. — Arrangements pour familles depuis 9 fr. — **J.-P. HUG**, Propriétaire.

NICE

GRANDE PENSION DE FRANCE

Rue de France, 35, près la promenade des Anglais. — **Premier ordre.** — Plein midi. — Grand jardin. — Bains. — Cuisine très soignée. — Pension depuis 7 fr. — **English spoken.** — **Man spricht deutsch.** — Saison d'été : **VILLA DU PRINTEMPS,** boulevard van Iseghem, 108, Ostende.

HOTEL WINDSOR
AVENUE SAINT-MAURICE

Premier ordre. — Situation plein midi avec jardin, unique au point de vue de l'hygiène. — 120 chambres et salons. — Ascenseur. — Pension depuis 8 fr. par jour. — Garages pour bicyclettes et automobiles.
A. SCHIRRER, Propriétaire.

HOTEL DES DEUX-MONDES
RUE PAGANINI, 20, ET RUE D'AMÉRIQUE, 8

A 100 mètres de la gare. — Transport des bagages gratuit à l'aller et au retour. — Maison complètement transformée à tous les points de vue. — Chambres et appartements très confortables. — Cave et cuisine très soignées. — **Pension depuis 8 fr.**

CHATEAU DES BEAUMETTES

Pension de premier ordre. — Plein midi. — **Dominant la promenade des Anglais.** — **Le plus merveilleux panorama de Nice et des environs.** — Abrité des vents du nord. — Séjour délicieux. — Bains. — Billard. — Téléphone. — *Sanitary arrangement.* — **Tramway électrique.** — *English spoken.* — Depuis 8 fr. par jour.
DE GILBERT, Propriétaire.

HOTEL BRUGIÈRE
AVENUE BEAULIEU

Entièrement neuf. — **Plein midi.** — Très central. — Grand confort. — Cuisine réputée. — Pension depuis 9 fr. par jour. *Ascenseur.* — Jardin. — Hall. — *Saison d'été :* **Villa Brugière, à Murat,** près La Bourboule. — **Veuve BRUGIÈRE, Propriétaire.**

HOTEL DE LA GARE
7, rue de Belgique, et rue Paganini *(à deux pas de la gare)*

Excellente maison recommandée pour sa bonne tenue et sa cuisine bourgeoise. — **Transport gratuit,** par le personnel de l'hôtel, des bagages à l'aller et au retour. — Chambres depuis 2 fr. — Prix de la journée : 7 fr. 50, tout compris. — L'hôtel est ouvert toute l'année.
H. RHEINHEIMER, Propriétaire.

HOTEL-PENSION SAINT-GEORGES
7, RUE DE LA PAIX

Entièrement remis à neuf. — **Plein midi.** — Situation très centrale. — Chambres et appartements très confortables. — Excellente cuisine de famille. — Pension depuis 8 fr. par jour, et arrangements pour séjour.
ARBET, Propriétaire.

NIMES
GRAND HOTEL DU MIDI

Square de la Couronne. — **A. HUC**, nouveau propriétaire. — De **premier ordre.** — Plein centre et attenant à la grande Poste. — Appartements et chambres très confortables. — **W.-C. à chasse.** — Cuisine et cave renommées. — Lumière électrique. — *Téléphone.* — Correspondant du T. C. F. et du C. A. F. — **Prix modérés.** — *Omnibus de l'hôtel à tous les trains.*

PARAMÉ
BRISTOL PALACE

Séjour charmant. — La plus belle terrasse en face la mer. — Hall central. — Jardin. — L'été : pension depuis 10 fr. par jour ; l'hiver : 50 fr. par semaine. — Hôtel de la **Plage**, villa **Cooper** et villa **Meesenburg.**

COOPER-MEESE, Propriétaire.

PARAMÉ (Ille-et-Vilaine)
ANCIENNE AGENCE BIDEL

L. VILLALON, Successeur, CARREFOUR ROCHEBONNE

Agence générale pour la **location des villas** et appartements meublés à Paramé, Saint-Malo, Saint-Servan, Dinard et la région. — **Vente et achat** de terrains, villas, châteaux, fermes et fonds de commerce. — Gérance de propriétés. — Renseignements précis et gratuits. — *Bureau ouvert toute l'année.* — **L. VILLALON, Directeur.**

PARAMÉ
AGENCE GÉNÉRALE
DE VENTE ET DE LOCATION

G. ALLAIRE et L. HOLLAIN, *carr* Rochebonne, **Paramé** (Ille-et-Vilaine)

Location de villas et chalets. — Vente et achat de terrains, châteaux, fermes et fonds de commerce. — Gérance et garde de toutes propriétés. — Renseignements gratuits. — L'Agence fonctionne toute l'année. — Adresse télégraphique : **Agence générale, Paramé.**

PAU

GRAND HOTEL GASSION

OUVERT TOUTE L'ANNÉE

De tout premier ordre. — Situation en plein midi. — Panorama splendide sur les Pyrénées, unique dans le monde. — Jardin d'hiver. — Lumière électrique. — Arrangements pour séjour. — Bains à chaque étage, douches. — Téléphone. — *Garage pour autos.*
A. MEILLON, Propriétaire.

HOTEL DE FRANCE

Place Royale, et nouveau boulevard des Pyrénées

De tout premier ordre. — Plein midi. — Vue exceptionnelle. — Cuisine et service des plus renommés. — Salle de bains. — Fumoir. — Ascenseur perfectionné. — Téléphone. — *Garage pour autos.*
GARDÈRES Frères, Propriétaires.

GRAND HOTEL GUICHARD

Saison d'hiver.—De premier ordre, très recommandé pour sa situation, son confortable et son installation générale. — Considéré comme un des meilleurs de la station. — Meublé luxueusement. — Cuisine réputée. — **Téléphone.** — Electricité dans toutes les chambres. — Ascenseur. — *English spoken.* — **GUICHARD, Propriétaire.**

GRAND HOTEL DE LA POSTE

Place Grammont. — Près du Château et des plus belles promenades de la ville. — 1er ordre. — Chambres et appartements au midi. — *Cuisine très soignée.* — Pension depuis 9 fr. par jour et arrangements pour familles. — **Téléphone.** — *English spoken.* — *Se habla español.* — Garage pour automobiles. — **CERNÉ, Propriétaire.**

HOTEL CENTRAL

Place de la Halle, près la Préfecture et la Poste. — Entièrement neuf. — Plein midi. — Arrangements sanitaires. — Electricité partout. — Chambres depuis 3 fr. — Déjeuner, 3 fr. Dîner, 3 fr. — Cuisine très recommandée.—Membre et correspondant du T. C. F.—Auto-garage.— *English spoken.*— *Se habla español.*—Omnibus gare.— *Spécialité de pâtés de foie gras et de gibier truffé.* — **ANSELME FERRE**, Propriétaire.

HOTEL RÉGINA

Rue Porteneuve, 2 et 4. — *Private Family Hotel.* — Plein midi. — Grands et petits appartements très confortables. — Arrangements sanitaires parfaits. — *Cuisine très soignée.* — Pension depuis 8 fr. par jour. — **Mme Vve SIMANDY**, Propriétaire.
Saison d'été : Hôtel Beau-Séjour, à Bagnères-de-Bigorre

HOTEL DU BOULEVARD

Rue Porteneuve, 25 et 27, près le Palais d'hiver, dans le beau quartier.— *Ouvert toute l'année.*— Plein midi.—Appartements et chambres confortables avec balcons. — Jardin. — Eclairage électrique. — Bains à chaque étage.— Arrangements sanitaires.— Pension avec vin depuis 7 fr., tout compris, même le petit déjeuner du matin.
LASSUS, Propriétaire.

PAU

L.-O. SARRADET

12, rue Taylor, 12

La plus ancienne agence de locations de villas et d'appartements. — Vente d'immeubles et de propriétés. — Fondée en
1847. — Renseignements prompts et précis. — **Répertoires
complets.**

PAU

CENTRAL OFFICE BOURDILA

3, RUE SAINT-LOUIS

Villas et Appartements à louer. — Propriétés à
vendre. — Agence de location la plus centrale, la plus avantageusement connue. — Renseignements exacts et gratuits.
— Résultats rapides. — Télégramme : BOURDILA-PAU.

PAU

AGENCE PYRÉNÉENNE

4, rue Montpensier.— **Location d'appartements et de
villas meublés ou non meublés** à Pau et dans la région
pyrénéenne. — Vente et achat d'immeubles de toute nature.
— Liste et Renseignements gratuits. — **P. BARRÈRE.**

PAU

AGENCE IMMOBILIÈRE

J. AUBERT, Directeur. — **6, rue Adoue, 6.**
Location de villas et appartements (Liste complète).—Vente
d'immeubles. — **Renseignements gratuits.**
Adresse télégraphique : AUBÉRADOUE-PAU
Téléphone

PÉRIGUEUX

GRAND HOTEL DE FRANCE

House of first order, newly decorated, very confortable. — The best
and most central situation.—Private rooms and apartments for families.
—**Truffled pies.**—**Preserved truffles.**—*Expedition to foreign countries.*
Maison de premier ordre. — Très confortable. — Situation centrale. —
Pâtés de volailles truffés du Périgord. — **Truffes conservées.** —
Expéditions à l'étranger. — *Omnibus à tous les trains.*
Ancienne maison BUIS, Albert LAPORTE, gendre et successeur.

PERPIGNAN

GRAND HOTEL

Quai Sadi-Carnot, près la Préfecture et la Poste. — **De tout premier ordre.** — Hall superbe. — Ascenseur. — Bains. — Téléphone. — Électricité partout. — Arrangements sanitaires parfaits. — *Cuisine et cave spécialement recommandées.* — Prix modérés.
Eugène CASTEL, Propriétaire.

POITIERS

GRAND HOTEL DE FRANCE

Premier ordre. — Le plus central et dans le plus beau quartier — Belle clientèle de familles. — Particulièrement recommandé pour sa cuisine et la réputation de sa cave.— **Prix modérés.**— Omnibus de la Compagnie desservant l'hôtel. — *Spécialité de volailles et pâtés truffés.*
ROBLIN-BOUCHARDEAU, Propriétaire.

GRAND HOTEL DU PALAIS

Premier ordre. — Situation centrale, le plus près des Facultés et du Palais de justice. — Installation moderne. — **English sanitary arrangements.** — Hydrothérapie complète. — Repas par petites tables. — *Omnibus de l'hôtel à tous les trains.*
EMILE JACOMELLA, Propriétaire.

PRÉCHACQ-LES-BAINS

(LANDES)

Du 1er mai au 1er novembre, desservi par la gare de Laluque.

Eaux et Boues végéto-minérales similaires à celles de Dax.

Rhumatismes, arthrites, névralgies, névroses, affections utérines, anémie.

Eaux sulfureuses. — Maladies des voies respiratoires, de la peau, du tube digestif.

Prix de la pension : 1re classe, 7 fr. 50 ; 2e classe, 5 fr. 50 par jour, tout compris : logement, linge, nourriture, traitement balnéaire, service, éclairage.

Pour renseignements, s'adresser au Directeur.

Société Anonyme des Eaux thermales

DE

SAINT-HONORÉ-LES-BAINS (NIÈVRE)

CAPITAL : 1 750 000 FR.

PRÉSIDENT DU CONSEIL D'ADMINISTRATION :

M. le Général Marquis D'ESPEUILLES

DIRECTEUR : **M. GAVILLON**

Saison du 15 mai au 1er octobre

Eaux thermales sulfurées, sodiques, arsenicales, lithinées et phosphatées

N'ayant pas de similaires en France.

Souveraines dans les maladies de la gorge, bronchites chroniques, catarrhes, asthmes, affections de la peau, débilité, lymphatisme et maladies des enfants.

Vaste piscine de natation, bains et douches, inhalation et pulvérisation, hydrothérapie.

CASINO

Salons de lecture, salles de fêtes, de jeux, de café
Orchestre. — Théâtre.

Manège. Chevaux de selle et de voiture pour excursions

Salle d'escrime

Gd Hôtels du Morvan, du Tournebride, des Bains

ET VILLA DES PINS

Considérablement agrandis et entièrement meublés à neuf

Vastes et belles salles à manger et de restaurant (300 couverts)

Ces établissements, de **premier ordre**, propriété de la Société des Eaux, sont affermés à M. COSTA, précédemment directeur du Casino, à qui toutes demandes de renseignements concernant les hôtels devront être adressées.

SAINT-MALO
GRAND HOTEL DE FRANCE
ET CHATEAUBRIAND

A l'entrée de la plage. — Vue sur la mer. — Exclusivement fréquenté par les familles soucieuses du bien-être et de la bonne tenue. — Remises spéciales pour automobiles et bicyclettes. — **MAISONNEUVE, Dir'**.

HOTEL DE L'UNIVERS
MAISON DE TOUT PREMIER ORDRE

Place Chateaubriand, touchant la plage et les bains. — Offrant tout le confort moderne. — Salle de bains. — Omnibus à la gare et aux bateaux. — Garage pour automobiles et cycles. — Téléphone. *English spoken.* — **A. CHOTTIN, Directeur-Propriétaire.**

HOTEL DE PROVENCE ET D'ANGLETERRE
11, rue de la Poissonnerie

Situation centrale. — Chambres confortables et cuisine très recommandée, faite par le propriétaire, ex-chef des plus grandes maisons de Londres. — Prix de la journée : chambre, déjeuner et dîner avec vin, petit déjeuner, tout compris, depuis **7 fr. 50**. — **Proprietors speack english**. — Prendre l'omnibus de la ville. — **Jules SEUX**, Propriétaire.

HOTEL CHADOIN

A la porte de la gare. — OUVERT TOUTE L'ANNÉE. — Pas de frais d'omnibus. — Transport des bagages gratuit aller et retour. — Chambres confortables, cave et cuisine très soignées. — Depuis **6 fr. 50** par jour. — Téléphone. — Station de tramways à la porte de l'hôtel pour Paramé et Saint-Servan. — **CHADOIN, Propriétaire.**

HOTEL DES VOYAGEURS ET DE LA GARE

Seul hôtel en face la gare et la station des tramways ayant **téléphone**. — Journée depuis 6 fr. 50 par jour.

English spoken.

Ancienne maison BISSON. — **P. LEROY, Successeur.**

AGENCE DE LOCATION
1, bis, rue des Grands-Degrés

LOCATION DE VILLAS ET D'APPARTEMENTS meublés ou non, sur toute la côte malouine : Saint-Malo, Paramé, Dinard, Saint-Lunaire, Saint-Briac. — L'agence procure si besoin les domestiques. — Vente et achat de terrains et de propriétés. — Renseignements précis et gratuits. — Maison recommandée — **Louis NEPVEUR, Dir'.**

SAINT-MALO — PARAMÉ
PENSION DE FAMILLE
LES CHARMETTES — VILLA KER-ANTREZ

Ouverte toute l'année. — Très belle situation et terrasse sur la mer. — Magnifique vue. — Charmant séjour. — Jardin. — Excellente cuisine. — Pension depuis 7 fr. — Arrangements pour familles nombreuses et réductions de prix pour l'hiver. — *English spoken.* — Omnibus à tous les trains et bateaux. — **Mme Vve BESNIER, Propriétaire.**

SAINT-MALO-SAINT-SERVAN
GRAND HOTEL BELLE-VUE
OUVERT TOUTE L'ANNÉE

Premier ordre. — Sur la mer, avec accès direct sur la plage. — Superbe terrasse avec magnifique vue sur la rade. — Correspondant de l'Auto-Club de France. — *Téléphone.*
ROBLET, Directeur-Propriétaire.

SAINT-NECTAIRE-LE-BAS

Réseau P.-L.-M., gares de Coudes et d'Issoire (PUY-DE-DOME)

SAISON THERMALE DU 1er JUIN AU 30 SEPTEMBRE
Eaux chlorurées, sodiques, bicarbonatées, mixtes
Lymphatisme des enfants, Chlorose,
Diabète, Albuminurie, Dyspepsies, Phosphaturie,
Affections goutteuses et Rhumatismes, Maladies des femmes
et des enfants.

Hydrothérapie générale, bains et douches de gaz acide carbonique. — Vastes promenades, Parc avec Lawn-tennis ; Casino, Salles de jeux, de spectacles et de lecture. — Postes et Télégraphes, Téléphone. — Chapelle.

N. B. — Le **GRAND HOTEL DU PARC**, premier ordre, de construction récente, avec 120 chambres meublées à neuf, ascenseur, éclairage électrique, à proximité du Casino et des Établissements, se recommande spécialement à certaines catégories de malades pour l'organisation de ses **Tables de régime.**

SAINT-PIERRE-DE-CHARTREUSE
Près du Couvent. Altitude : 1 000 mètres
GRANDE-CHARTREUSE

HOTEL DU DÉSERT, HOTEL DU GRAND SOM

Station climatérique. — **Pension depuis 8 fr.** — Voitures et mulets. — On parle anglais, allemand, italien. — *Éclairage électrique.* — **Télégraphe.** — Garage à automobiles.

SAINT-RAPHAËL

Agence de Saint-Raphaël

Location de villas et d'appartements meublés ou non. — Vente et achat de terrains et d'immeubles. — Renseignements gratuits et précis. — *Écrire ou télégraphier.* — **LA CORTE**, Directeur.

Type **B** — 3**

TARBES

rapides et radicales obtenues dans les cas les plus rebelles avec le *Nouveau Traitement Dépuratif-Végétal-Antiseptique, Digestif et Inoffensif:* **Pilules et Pommade LARCADE de TARBES** (1'65 mandat-poste) prouvent la plus heureuse découverte à ce jour *(5 médailles d'Or)* contre les **Eczémas, Pelade, Dartres, Chute des Cheveux, Pellicules, Démangeaisons, Psoriasis, Acnés, Herpès, Sycosis, Boutons, Taches de Rousseur, Glandes, Rhumatismes, Plaies aux Jambes, Hémorrhoïdes, Tumeurs, Maladies contagieuses et tous les vices du sang.** *Résultats inespérés dès les premiers jours. Broch. et Renseig^{ts} gratis.* Écrire: **LARCADE**, Pharm^{en}-Chim^{te}, Tarbes (Hautes-Pyrénées).

TOULON

GRAND-HOTEL

PLACE DES PALMIERS

Premier ordre — **Bains dans l'hôtel.** — Ascenseur hydraulique. — Éclairage électrique. — Plein midi. — Vue sur la mer. — Jardin. — Pension depuis 10 fr. par jour, *tout compris.* — Arrangements pour familles avec enfants. — **L. FILLE**, Propriétaire.

GRAND HOTEL DE LA RÉGENCE

MEUBLÉ — Ancienne Sous-Préfecture, *rue Nationale.*

Situation centrale. — *Repas facultatifs à l'hôtel.* — Jardin. — Hydro-thérapie. — Électricité. — Garage et fosse pour automobiles. — Chambres confortables depuis 2 fr. 50. — Pension depuis 7 fr. 50, petit déjeuner compris. — **Mme Vve OLCÈSE**, Propriétaire. — **P. FRÉBAL**, Gendre, Directeur.

HOTEL MEUBLÉ DE LA POSTE

RUE HIPPOLYTE-DUPRAT

Entre la Poste et le Théâtre. — **Entièrement neuf.** — Grand confortable. — Salles de bains. — Arrangements sanitaires. — On sert le petit déjeuner du matin. — **Ascenseur.** — Prix modérés.
LÉONARD GAMEL, Propriétaire.

URIAGE-LES-BAINS (Isère)

ALTITUDE : 414 MÈTRES

Établissement thermal de 1ᵉʳ ordre

EAUX SULFUREUSES ET SALINES PURGATIVES

SAISON DU 25 MAI AU 15 OCTOBRE

Traitement des **maladies de la peau**, de l'**anémie**, du **lymphatisme**, du **rhumatisme**, de la **scrofule**, etc., etc.

CURE D'AIR

BAINS, DOUCHES, PULVÉRISATIONS, HYDROTHÉRAPIE

Parc, Casino, Cercle, Hôtels, Appartements et Villas meublés, sous la direction de l'Établissement thermal. — **Eclairage électrique.**

URIAGE est desservi par un **tramway électrique** partant de la gare de Grenoble P.-L.-M. (correspondance à tous les trains). — De Grenoble à Uriage : durée du trajet, 45 minutes.

Pour tous renseignements, s'adresser à l'Administrateur de l'Établissement.

L'Eau de LA FAVORITE

Contre la débilité de l'estomac

Arrête diarrhées estivales des jeunes enfants. Est employée avec succès contre les maladies du foie, de la rate, la goutte, la gravelle, la dyspepsie, la gastralgie, etc.

EN VENTE

Pharmacies, Drogueries, Marchands d'Eaux minérales

ADMINISTRATION : 11, rue Terme, LYON

IV. — PAYS ÉTRANGERS

BELGIQUE — GRANDE-BRETAGNE — ESPAGNE
ALGÉRIE — SUISSE — ITALIE

BRUXELLES
(HAUTE VILLE ET PARC)

HOTEL DE FLANDRE
Place Royale

Logement, y compris service et éclairage, à partir de 5 francs par jour. — Premier déjeuner, 1 fr. 50; Déjeuner à la fourchette, 4 fr.; Diner à table d'hôte, 5 fr.

Pension pour séjour prolongé, comprenant : chambre, service, éclairage, et trois repas par jour, à partir de 13 fr. 50.

ASCENSEUR — BAINS

Billets de chemins de fer, Enregistrement des bagages

POSTE — TÉLÉGRAPHE — TÉLÉPHONE

Agence générale des Wagons-Lits
Toutes les chambres sont éclairées à l'électricité.

HOTEL DE BELLE-VUE

Place Royale, *en face du parc*

ÉCLAIRAGE ÉLECTRIQUE
ASCENSEUR — BAINS

Billets de chemins de fer, Enregistrement des bagages

POSTE — TÉLÉGRAPHE — TÉLÉPHONE

Agence générale des Wagons-Lits

BRUXELLES

LE GRAND-HOTEL

Société anonyme au capital de 1 500 000 francs

J. CURTET-HUGON
Administrateur-Directeur

Premier ordre. — 250 chambres et salons. — Superbe restaurant. — Grill room. — Bar américain. — Grand café glacier. — Bureaux de Poste-Télégraphe. — *Chemins de fer, wagons-lits.* — Enregistrement des bagages. — Le Grand-Hôtel est entièrement chauffé à la vapeur.
Adresse télégraphique : GRANHOTEL, BRUXELLES

Eaux ferrugineuses et Bains de SPA (BELGIQUE)

GRAND HOTEL DE L'EUROPE

HENRARD-RICHARD, PROPRIÉTAIRE

Maison de premier ordre. — Situation exceptionnelle. — *Eclairage électrique.* — Arrangements pour familles. — Salons d'agrément. — *Vaste garage pour automobiles.* — Seul correspondant des sociétés automobiles de Belgique et de l'A.-C. de France.

SPA

GRAND HOTEL DE BELLEVUE

MAGNIFIQUE SITUATION

Près de la Résidence royale et des Bains

JARDIN COMMUNIQUANT AU PARC

ROUMA, PROPRIÉTAIRE

GRANDE-BRETAGNE

JERSEY — SAINT-HÉLIER (Iles de la Manche)

HOTEL DU PALAIS-DE-CRISTAL

Seul hôtel français ayant prix fixe sans aucune surprise pour le voyageur

Maison et cuisine essentiellement françaises. — Seul hôtel qui ne fasse pas pister. — **PRIX FIXE : 7 fr. 50 par jour et par personne,** comprenant chambre, service, bougie, petit déjeuner du matin, déjeuner et dîner, avec cidre compris à tous les repas. — Recommandé pour son confortable et la modicité de ses prix. — Garage. — Chambre noire. — Omnibus spécial aux bateaux. — **Renseignements par correspondance.** — *English spoken.*
JULES PARISON, Propriétaire et Directeur.

SUISSE

GENÈVE
Ancienne Maison GOLAY-LERESCHE et Fils
GOLAY Fils et STAHL, Succrs

FABRICANTS D'HORLOGERIE DE PRÉCISION
DE BIJOUTERIE, JOAILLERIE, ETC.
DIAMANTS ET PIERRES FINES

51, quai des Bergues, GENÈVE, et 2, rue de la Paix, PARIS

INTERLAKEN

RUGEN HOTEL-JUNGFRAUBLICK

Ne pas confondre avec Hôtel Jungfrau

SITUATION EXCEPTIONNELLE — VUE SPLENDIDE

J. OESCH-MULLER, Propriétaire-Directeur

ITALIE

TENDE (ITALIE)
GRAND HOTEL NATIONAL

Entièrement neuf. — Salle de bains. — Electricité. — Garage pour automobiles. — Cave et cuisine de premier ordre. — Arrangements pour séjour. — Pension de 6 à 12 fr. par jour, tout compris.

Antoine VASSALO, Propriétaire
Directeur de l'**Hôtel de Paris**, à Trouville-sur-Mer, et du **Helder-Armenonville**, à Nice.

VENISE

Ve Exposition internationale des Beaux-Arts

DE LA VILLE DE VENISE
23 Avril-31 Octobre 1903

Les artistes les plus renommés de l'Europe et de l'Amérique sont brillamment représentés dans cette exposition.

Elle est installée dans son propre palais, au Jardin public, tout à côté de la lagune, dans l'endroit le plus délicieux de la ville.

Régates historiques. — **Sérénades** sur le Grand Canal. — **Grandes Soirées musicales.**

Les billets spéciaux à prix très réduits, délivrés des gares de l'intérieur et de la frontière, donnent le droit de fréquenter *gratis* l'Exposition pendant toute la période pour laquelle ils sont valables.

V. SUPPLÉMENT

Spécialités pharmaceutiques.

Chocolat Menier.

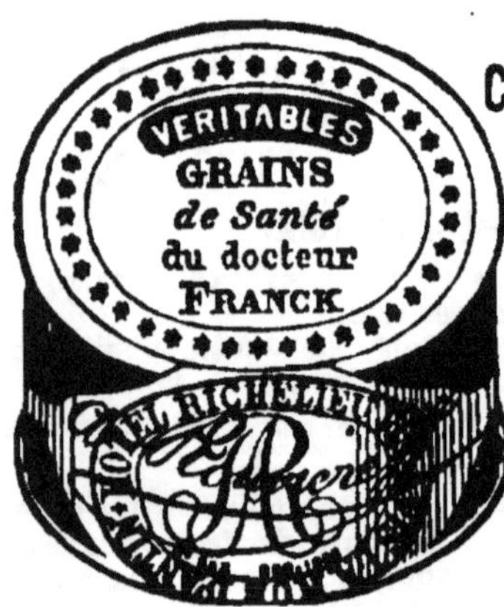

HYGIÈNE DE LA BOUCHE

Une bonne **Eau dentifrice** doit non seulement bien nettoyer les dents, mais, en outre, purifier la bouche en tuant les microbes qui s'y rencontrent et qui sont la cause de la carie et des maladies diverses (*pneumonies, grippes, angines couenneuses,* etc.); cela est aujourd'hui prouvé. Aussi le **Coaltar Saponiné Le Beuf** jouissant, sans contestation possible, des qualités réquises, puisque ses remarquables propriétés antiseptiques, microbicides et détersives l'ont fait admettre dans les **hôpitaux de Paris,** c'est à ce produit que nous devons avoir recours pour la toilette quotidienne de la bouche, de préférence aux préparations des parfumeurs, qui ne peuvent lui être comparées.

Le flacon, **2** *fr.* — *Les six flacons,* **10** *fr.*

Dans les pharmacies, se défier des imitations

Bien spécifier : **COALTAR SAPONINÉ LE BEUF**

MAISON AUG. GAFFARD, A AURILLAC

Aperçu de quelques produits spéciaux ayant obtenu les plus hautes récompenses dans toutes les expositions où ils ont figuré. — **Gland doux, Mokafrançais,** pseudo-cafés hygiéniques, remplaçant avantageusement le café des Iles. — **Mélanogène,** poudre pour encres noire, violette, rouge et bleue. — **Muricide phosphoré** pour la destruction des rats. — **Extraits saccharins** pour l'obtention rapide des liqueurs de table.— **Lustro-cuivre.** — **Oxyde** d'aluminium pour affiler les rasoirs. — **Poudre vulnéraire vétérinaire.** — **Produits spéciaux divers.**— Usine à vapeur et Maison d'expédition, enclos Gaffard, à Aurillac (Cantal). — Envoi de notices détaillées sur demande affranchie. — Conditions spéciales pour d'importantes commandes.

G. ROUZKE
308.07
72.7
RUE DE LA
6000 m
RÉG
ULT. XI
TOILETTE
CUISINE

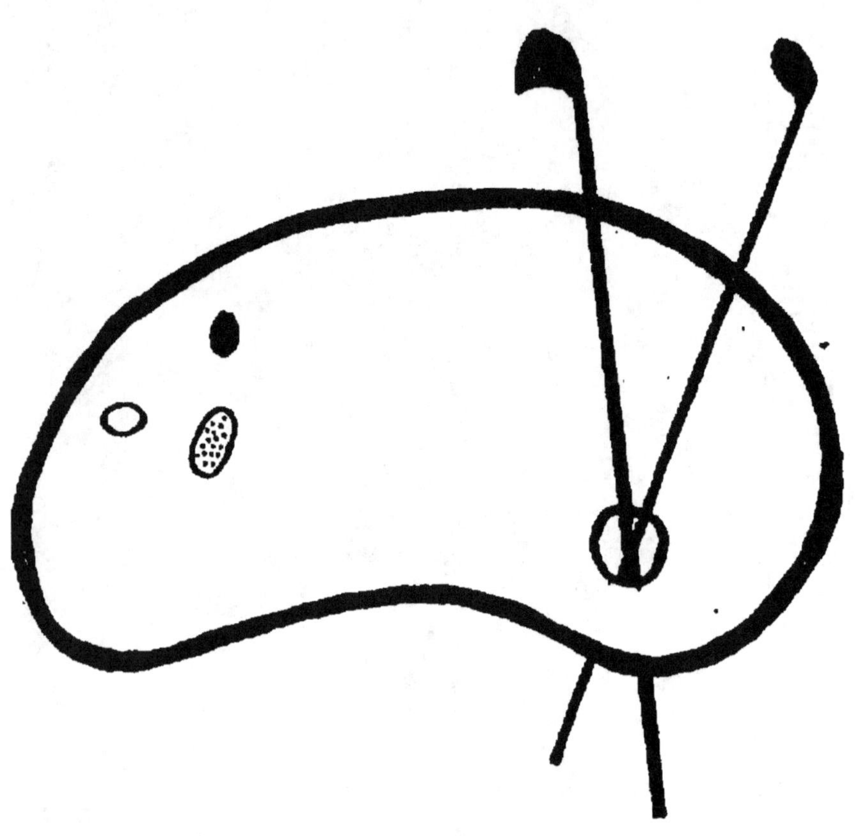

DEBUT D'UNE SERIE DE DOCUMENTS
EN COULEUR

Eaux Minérales Naturelles admises dans les Hôpitaux

SAINT-JEAN. Maux d'estomac, appétit, digestions.
PRÉCIEUSE. Foie, calculs, bile, diabète, goutte.
DOMINIQUE. Asthme, chlorose, débilité.
DÉSIRÉE. Calculs, coliques.
MAGDELEINE. Reins, gravelle.
RIGOLETTE. Anémie.
IMPÉRATRICE. Maux d'estomac.

Très agréable à boire. Une bouteille par jour.

Société générale des EAUX, VALS (Ardèche)

La Société expédie sur demande des caisses d'origine, au prix de 15 fr. les 24 bouteilles et 30 fr. les 50 bouteilles, rendues *franco* à la gare de Vals.
Les Eaux des Sources Saint-Jean et Précieuse existent en 1/2 et en 1/4 de bouteilles.

Direction : 4, rue Greffulhe, Paris.

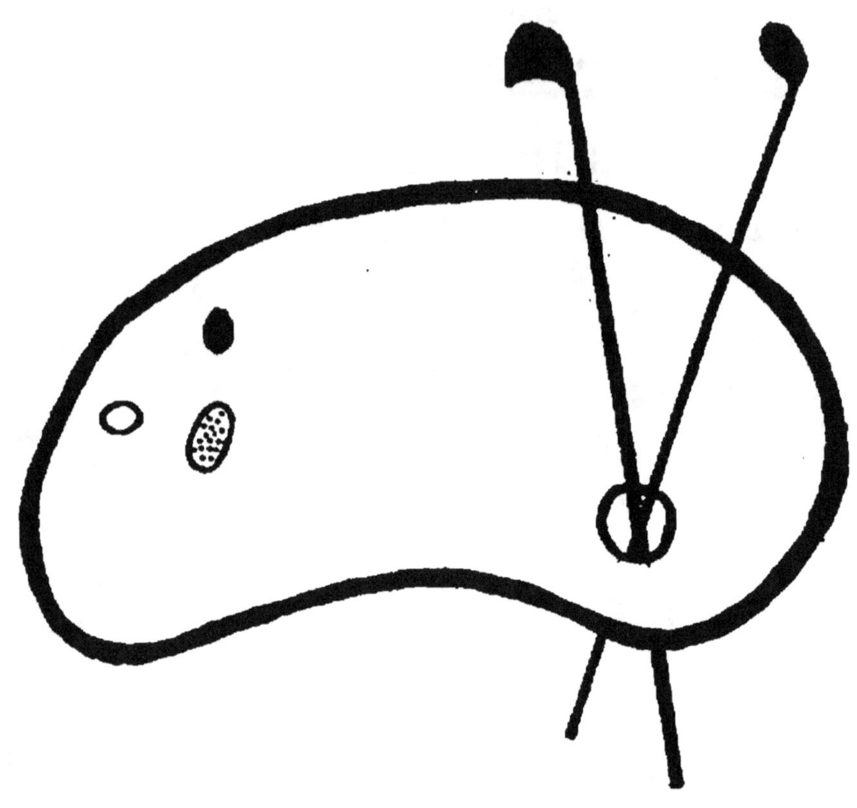

FIN D'UNE SERIE DE DOCUMENTS
EN COULEUR

www.ingramcontent.com/pod-product-compliance
Lightning Source LLC
Chambersburg PA
CBHW051245050726
47594CB00001B/313